定西中药材全过程生产技术团体标准

定西市中药质量检验检测评价联盟　编

甘肃科学技术出版社
甘肃·兰州

图书在版编目(CIP)数据

定西中药材全过程生产技术团体标准 / 定西市中药质量检验检测评价联盟编 . -- 兰州 : 甘肃科学技术出版社, 2024. 8. -- ISBN 978-7-5424-3223-0

Ⅰ. S567-65

中国国家版本馆 CIP 数据核字第 2024HU0393 号

定西中药材全过程生产技术团体标准

定西市中药质量检验检测评价联盟 编

责任编辑 刘 钊

封面设计 马利鹏

出 版 甘肃科学技术出版社

社 址 兰州市曹家巷 1 号 730030

电 话 0931-2131570 (编辑部) 0931-8773237 (发行部)

发 行 甘肃科学技术出版社　　印 刷 甘肃龙源印刷有限公司

开 本 880 毫米×1230 毫米　　印 张 10.25 插页 2 字 数 180 千

版 次 2024 年 8 月第 1 版

印 次 2024 年 8 月第 1 次印刷

印 数 1~2000

书 号 ISBN 978-7-5468-3223-0　　定 价 58.00 元

图书若有破损、缺页可随时与本社联系:0931-8773237

编 委 会

序

定西是中国重要的中药材产区,是“中国药都”“天下药仓”。多年来,定西举全市之力,将中医药作为脱贫攻坚和强市富民的首位主导产业,全力打造中医药创新发展新高地。目前从种植规模、加工层次、仓储物流、创新驱动等方面来看,定西中医药产业发展已步入全国先进行列,在国内的影响力、知名度和竞争力都得到显著提升。

为有效解决定西中医药创新发展当中关键技术需求,定西市市场监督管理局结合办理定西市政协提案,组建了全国首家中药质量检验检测评价联盟,决定由该联盟牵头,开展《定西中药材全过程生产技术团体标准》(简称“团标”)的研究制定工作,这在国内属填补空白的创新举措。

本人应邀担任《定西中药材全过程生产技术团体标准》研究制定委员会主任,并主持了“团标”的专家评审会。在“团标”的技术审查会上,专家们一致认为,40 项“团标”,依据新版《中国药典》和国家最新出台的 GAP 规范,充分吸纳集成了最新技术成果,传承了当地传统生产加工经验,真实体现了标准的先进性、科学性和实用性。“团标”的制定和实施,将对进一步提升定西中药材标准化体系,促进中医药产业转型升级和高质量发展意义重大,为定西打造国家中医药产业发展综合试验区核心区和国家中医药传承创新发展试验区提供有力的技术支撑。

定西市中药材标准化工作任重道远,按照新版《中国药典》和 2022 年 3 月国家出台的《中药材生产质量管理规范》要求,定西已出台的涉及种子种苗、大田栽培、初加工与仓储及原药质量控制各环节的甘肃地方标准需要进一步修订完善和提升。因此,建议定西市在大力推广应用中药质量检验检测评价联盟制定的 10 个品种 40 项“团标”的基础上,继续做好现有人工种植药材其他品种的“团标”研制和应用,修订已出台的甘肃地方标准,力争在当归、党参、黄芪等大宗药材国家标准研制上取得重大突破。希望定西把中药质量检验检测评价联盟进一步做大做强,为全国做出表率,为定西中医药产业绿色高质量发展做出新的更大的贡献。

2024年5月6日

前　言

定西市中药质量检验检测评价联盟成立于 2022 年 4 月，由定西市市场监督管理局主管。目的是整合检测资源、聚集各类人才、促进科技合作、助力科技研发、推动成果转化，全力助推定西中医药产业创新发展。2022 年 12 月，定西市市场监督管理局为认真办理市政协五届二次会议 161 号提案，决定由定西市药品检验检测中心和定西市中药质量检验检测评价联盟具体承办，同时成立了提案办理领导小组和中药材团体标准研究制定委员会，联合定西市内外相关科研、技术推广单位和盟内企业、检测机构，组成了 7 个由 80 余名专业技术人员参与的研究制定团队，合力开展定西主栽药材当归、党参、黄芪、柴胡、板蓝根、金银花、羌活、黄芩、大黄、防风等 10 个品种 40 项技术规程的研究制定工作。

研究制定定西主栽药材全过程生产技术团体标准，旨在认真落实 2020 版《中国药典》和 2022 年 3 月国家出台的《中药材生产质量管理规范》，完善提升目前推广应用的中药材生产技术规程，有效解决定西中医药产业发展当中关键技术需求，组织盟内各企业、合作社和科研、技术推广单位，严格按照研究制定的中药材全过程生产技术团体标准，进行生产、初加工和仓储，从而达到从种子种苗、大田栽培、初加工和仓储全过程有效控制质量的目的。

2023 年 8 月 14 日，定西市市场监督管理局邀请国内相关专家，成立评审组，对定西市中药质量检验检测评价联盟组织起草的 10 种药材 40 项团体标准进行了评审。专家组一致认为，40 项团体标准，充分吸纳集成了最新技术创新成果，传承了当地传统生产加工经验，体现了标准的先进性、科学性和实用性。团体标准的制定和实施，将对定西中药材标准体系提升、促进中医药产业转型升级、高质量发展意义重大，为定西打造国家中医药产业发展综合试验区核心区提供有力技术支撑，同意通过技术审查，建议尽快发布付诸实施。

定西中药材全过程生产技术团体标准制定过程中，得到了中国中药控股有限公司王继永研究员技术团队、甘肃农业大学、北京中医药大学、甘肃省药品检验研究院等相关科研机构的大力支持和帮助指导。定西市政协主要领导和市政府、市政协分管领导多次调研指导,给予鼓励和支持。定西市财政局在资金上给予了大力支持,定西市市场监督管理局、定西市药品检验检测中心全力跟进,做了大量保障服务工作。定西市市场监督管理局党组书记王小宝局长多次主持召开提案办理领导小组会议,专题进行安排部署。定西市药品检验检测中心李俊明主任多次召集编制小组会议,组织培训、研讨和咨询,先后两次带领编制组赴北京学习取经。联盟理事长高占彪研究员,充分发挥专家特长,认真指导各编制组开展工作,对各组起草的标准初稿多次进行修改把关。

定西中药材全过程生产技术团体标准(简称“团标”)于8月下旬召开的第四届中国(甘肃)中医药博览会“中医药新政策新标准新技术新产品发布论坛”上正式发布,并在全国团体标准信息平台予以公布,联盟研究决定2023年11月1日起正式实施。下一步,我们将认真组织盟内各成员单位,开展大范围高密度地宣传培训,切实抓好团体标准的实施工作,全力助推定西中医药产业创新发展。

为更好地开展“团标”宣传贯彻工作,扩大宣传效应,提升培训效果,指导盟内各企业、合作社和科研、技术推广单位抓好落实,提高实施效果,定西市中药质量检验检测评价联盟编辑出版了定西10种主栽药材40项团体标准。中国中药控股有限公司高级总监、中国中药有限公司中药研究院副院长王继永研究员亲自为本书作序,对联盟工作给予了充分肯定,对今后更好开展工作提出了殷切期望,勖勉有加,深表感谢!同时7个“团标”研究制定小组的专家技术人员付出了艰辛努力、大量心血和汗水,在此一并表示感谢!

定西市中药质量检验检测评价联盟

2024年5月16日

目　录

ICS 11.120.99
CCS C23

团　　体　　标　　准

中药材　当归

2023-08-24 发布　　2023-11-01 实施

定西市中药质量检验检测评价联盟 发布

第 1 部分　种子种苗繁育技术规程

1　范围

本文件规定了定西市当归适宜产区当归种子种苗繁育的术语和定义、产地要求、制种及育苗等技术要求。

本文件适用于定西市当归适宜产区当归种子种苗的繁育。

2　规范性引用文件

下列文件对于本文件的应用是必不可少的。凡是注日期的引用文件，仅所注日期的版本适用于本文件。凡是不注日期的引用文件，其最新版本（包括所有的修改单）适用于本文件。

GB　3095　环境空气质量标准

GB/T　15618　土壤环境质量 农用地土壤污染风险管控标准

DB62/T　2548　中药材种子　当归

DB62/T　2549　中药材种苗　当归

3　术语和定义

下列术语和定义适用于本文件。

3.1 当归种子 Seeds of *Angelica sinensis* (Oliv.) Diels

伞形科当归属植物当归的三年生成熟果实。

3.2 当归种苗　Seedlings of *Angelica sinensis* (Oliv.) Diels

用当归种子繁殖、生长苗龄在 110d 以内的当归幼苗的根。

4　产地环境

4.1　环境空气

空气质量符合 GB　3095 二级以上要求。

4.2　土壤条件

选择土层深厚、疏松肥沃、排水良好、灌溉便利的黑垆土、黑麻土和黄麻土种植。土壤条件符合 GB/T　15168 要求。

5 制种

5.1 品种选择

优先选择当归新品种岷归1号、岷归2号和岷归5号等优良品种。

5.2 制种田的选择

选择当归植株生长健壮、根体粗大、无病虫害的当归田作为制种田，也可将高海拔区育苗地起苗时遗留的种苗培育成制种田，及时拔出早薹株。

5.3 去杂

按照当归新品种岷归1号、岷归2号和岷归5号等优良品种的生物学性状进行去杂。

5.4 种子成熟度控制

种子成熟程度控制在70%~80%时采收。种子成熟程度一般以种子的颜色来辨别，种子成熟前呈淡绿色，中等成熟呈粉白色，完全成熟后呈紫红色（岷归2号仍为粉白色），种子过度成熟呈枯黄色，应在种子由淡绿色转粉白色时采收。

5.5 种子采收与加工

5.5.1 采收时间

8月中旬至9月上旬采收三年生当归种子。

5.5.2 采收方法

将乳熟期的果穗分批从侧枝基部剪下，扎成小把悬挂于风干室等阴凉通风处晾干，后置阴凉处保存。

5.5.3 脱粒

选晴好天气脱粒，也可至第2年播种前脱粒。脱粒方法是将果穗晾干后，用木质梳子从果穗上梳下种子或戴手套用手轻轻捋下。

5.5.4 干燥

种子经脱粒后悬挂于室内阴干至种子含水量为9%左右。

5.5.5 种子精选

用风选机除去杂质、秕籽、霉变、虫伤等籽种。种子质量符合DB62/T 2548要求。

5.6 贮藏

当归种子不耐贮藏，在室温下贮存1年后，发芽率降至15%左右。为延长当归种子寿命，采用-18℃冰柜等设施低温贮藏，贮存期为3年。

6 育苗

6.1 选地

6.1.1 熟地育苗

在当归适宜区选择海拔2400m~2800m，年降水量600mm以上的阴坡或半阴坡富含腐殖质的黑垆土、高山草甸土或灰钙土地块育苗。

6.1.2 设施育苗

在海拔 1800m~2400m、有灌溉条件的区域进行设施育苗。设施育苗地应有网棚、水池等设施。

6.2 茬口选择

以 5 年以上的轮作为宜,前茬以禾本科作物为佳。

6.3 育苗时间

海拔 2400m~2800m 的区域在 5 月下旬至 6 月中旬；海拔 1800m~2400m 的地带设施育苗在 6 月下旬至 7 月上旬。

6.4 整地作床

6.4.1 整地

在育苗前 10d,将育苗地的杂物、杂草全部清除,再深耕 30cm 以上,结合整地进行施肥和土壤消毒。具体措施为：播种前将腐熟农家肥 45000kg/hm^2 和适量磷酸二铵 225kg/hm^2~300kg/hm^2 及 50%硫酸钾 90kg/hm^2~120kg/hm^2 均匀施入土壤，再浅耕耙耱一次，保持地面平整；施辛硫磷颗粒剂 15kg/hm^2~22.5kg/hm^2 和甲基托布津 15kg/hm^2~22.5kg/hm^2 对土壤进行消毒处理。

6.4.2 作床

采用高畦育苗,畦高 20cm,宽 1m~1.2m,畦间距 50cm,在高寒阴湿山区,畦向与坡向一致,畦面略呈“弓”形,畦长可依地形而定。

6.5 播种

6.5.1 种子要求

选用制种田收获的岷归 1 号、岷归 2 号和岷归 5 号等当归优良品种生长期三年植株上采收的种子,禁用成药田早抽薹所产种子。要求种子无检疫性病虫害、无霉变、无虫蛀、具有当归种子特异香气,千粒重为 1.6g~1.9g,发芽率 70%以上的优良种子。

6.5.2 播种方法

播种时将种子均匀撒于畦面,撒种时沿畦面均匀撒种,顺风向撒种,撒种密度 3500 粒/m^2~4000 粒/m^2,覆细土 0.2cm~0.3cm(以地面不见浮籽为准),播种完毕后,畦面覆盖作物秸秆 1cm~3cm,进行遮阴保湿或用黑色遮阳网遮阴。

6.6 苗床管理

6.6.1 秸秆覆盖

幼苗出土 4d~5d 后,及时挑虚盖草并拔除杂草;当苗高 5cm 时将盖草再次挑虚,直到立秋当归苗长出盖草后,可将盖草选阴天全部揭去;及时拔除苗床杂草,当苗过密时进行合理间苗,同时要求防治病虫和鼠类危害,促进幼苗健壮生长。

6.6.2 黑色遮阳网遮阴

若有网棚等设施,直接将遮阳网盖在设施上面,田间管理不受影响;若无设施,遮阳网用木棍等固定遮盖,距离地面不足 1m 时,前期浇水或除草时先揭起,做完后及时盖好;若距离地面高于 1m 时,平时管理直接可以在遮阳网下进行。直到当归苗长到 5cm 以上时,根据当地天气情况可将遮阳网选阴天全部揭去。

6.6.3 其余管理

及时拔除苗床杂草,当苗过密时进行合理间苗,同时要求防治病虫和鼠类危害,促进幼苗健壮生长。

6.7 起苗

高寒阴湿区域育苗,起苗时间在寒露至霜降季节;较低海拔区域育苗,起苗时间根据当地育苗时间及气候情况确定。起苗时要求当归苗上留 1cm 左右叶柄,起苗时拣除烂苗、病苗及损伤苗,约 50 株扎一小把,扎把时必须在苗间加入适量细湿土,苗土比大约为 3:7,要求晾苗 7 天左右,当种苗含水量适宜时方可贮苗。

6.8 苗龄苗重

苗龄 100d~110d,单株苗重 0.8g~1.2g。种苗符合 DB62/T 2549 要求。

7 贮存

7.1 贮存条件

选择地势高燥的冷房进行贮苗。

7.2 贮存方式

将种苗按苗把与苗把的间隙约 2cm,当归苗头朝外摆放一层,摆好后覆盖厚约 5cm 的消毒土,填满孔隙并稍压实,如此摆苗 4 层~6 层,最后在顶部和周围覆土 30cm,形成一个高约 80cm 的贮苗堆。

7.3 贮存期限

当归种苗贮存有效期为 6 个月,贮存期间注意防止热苗、鼠害及动物危害。贮存前,需先在地面上铺一层厚度 10cm 左右的消毒土,要求土壤含水量在 12%左右,每 100kg 生土中均匀拌入 70%甲基托布津 100g。贮苗期间加强管理,确保种苗质量。

参考文献

[1] 李鹏程,刘效瑞.当归新品种岷归 4 号选育及优化技术研究[J]. 中药材,2011(7):1017-1019.

[2] 李应东. 当归研究[M]. 北京：科学出版社，2021:223.

[3] 李应东. 甘肃道地药材当归研究[M]. 兰州：甘肃科学技术出版社，2012:138，145.

[4] 杨荣洲，马伟明，王富胜. 中药材当归贮藏技术[J]. 农业科技与信息，2021(23): 81–83.

[5] 刘效瑞，王富胜，刘荣清，等. 旱农区主要粮经作物规范化生产技术研究与应用[M]. 兰州：甘肃科学技术出版社，2014:107.

本文件起草单位：定西市农业科学研究院、定西科技创新研究院、甘肃岷县当归研究院、定西市经济作物技术推广站、甘肃农业大学、定西市药品检验检测中心、甘肃省农业工程技术研究院、北京中医药大学、甘肃中医药大学、中国中药有限公司、国药种业有限公司、甘肃省农业科学院中药材研究所、甘肃药业集团科技创新研究院有限公司、甘肃数字本草检验检测中心有限公司、甘肃省药品检验研究院陇西分院、甘肃岷海制药有限公司、甘肃渭水源药业科技有限公司。

本文件主要起草人：王富胜、李丽、张明、潘遐、潘晓春、孙志蓉、陈芳、姜笑天、张夙萍、杨荣洲、王文娟、刘莉莉、陈垣、朱田田、陈玉武、高云峰、王继永、师立伟、郭增祥、邱国玉、王小芳、汪淑霞、曾燕、李进瞳、靳云西、王浩亮、王国祥、秦飞、张峰。

第2部分　栽培技术规程

1　范围

本文件规定了定西市当归适宜产区当归栽培的产地环境、种苗选择、选地与整地、移栽、田间管理、病虫害防治、采收等技术要求。

本文件适用于定西市当归适宜产区当归的栽培和管理。

2　规范性引用文件

下列文件对于本文件的应用是必不可少的。凡是注日期的引用文件,仅所注日期的版本适用于本文件。凡是不注日期的引用文件,其最新版本(包括所有的修改单)适用于本文件。

GB　3095　环境空气质量标准

GB/T　8321.10　农药合理使用准则

GB/T　15168　土壤环境质量标准　农用地土壤污染风险管控标准

DB62/T　2549 中药材种苗当归

《中华人民共和国药典》(一部)

《中药材生产质量管理规范》(2022年第22号)

3　术语和定义

下列术语和定义适用于本文件。

3.1　当归

为伞形科当归属植物当归 *Angelica sinensis* (Oliv.) Diels 的干燥根。

3.2　茬口

在作物轮作或连作中,影响后季作物生长的前茬作物及其迹地的泛称。

4　产地环境

4.1　环境空气

空气质量符合GB　3095要求。

4.2　土壤条件

选择土层深厚、疏松肥沃、排水良好、灌溉便利的黑垆土、黑麻土和黄麻土种植。土壤符合 GB/T15168 要求。

5 种苗选择

选择无病虫感染、无损伤、表面光滑、侧根少的种苗。质量符合 DB62/T 2549 二级以上要求。

6 选地与整地

6.1 选地

选择海拔 2300m~2800m,年降雨量在 550mm 以上,土层深厚、疏松肥沃、排水良好的黑垆土、麻土和黄麻土种植。移栽茬口以禾谷类、豆类、油菜为宜,轮作周期要求 3 年以上,忌重茬、连茬、迎茬种植。

6.2 整地

前茬作物收获后,伏天深耕,灭茬晒垡,疏松土壤,秋后浅耕,打耱保墒。移栽前施腐熟农家肥 $37500kg/hm^2$~$45000kg/hm^2$,纯氮 $210kg/hm^2$,五氧化二磷 $135kg/hm^2$,氧化钾 $40.5kg/hm^2$。推广使用生物有机肥、配方专用肥。

7 移栽

7.1 移栽时间

春栽为主,以 3 月下旬至 4 月中旬为宜。

7.2 移栽方法

7.2.1 黑膜覆盖栽培

起垄 垄高 3cm~5cm,垄宽 60cm,沟宽 40cm,要求垄面“平、直、实”。

覆膜 要求“紧、展、严”,并在膜面上每隔 3m~5m 压一条土带,防止大风和杂草揭膜。

移栽 每垄栽植 3 行,株距 25cm,采用三角形栽植,每穴栽 2 株,要求大小苗搭配,到早薹盛期过后定苗,每穴留苗 1 株。

7.2.2 膜侧栽培

开沟 按沟距 30cm~35cm,深 10cm~15cm 开沟。

移栽 按 13cm 株距大小苗相间摆苗(早薹盛期过后间苗,株距约为 25cm),空行覆膜,然后紧挨膜边开沟种植,以此类推。

7.2.3 露地垄栽

起垄 垄高 15cm~25cm,垄距 33cm。

移栽 在垄上挖穴,穴距 25cm,每穴放苗 2 株,要求大小苗搭配,早薹盛期过后定苗,每穴留苗 1 株。

8 田间管理

8.1 补苗

移栽后 20d 左右查苗、补苗,发现缺苗断垄时,应及时补栽。

8.2 中耕除草

中耕除草3次,第一次在移栽后1个月左右进行浅锄;第二次在移栽后2个月左右深锄;第三次在移栽后3个月左右进行,要求细除,后期出现杂草及时拔除。

8.3 拔薹

及时拔除早薹苗,以免浪费水肥,影响当归生长。

8.4 追肥

当归生长期较长,视田间生长状况合理追肥。一般追肥分两次进行,第一次于地上部茎叶生长旺盛期追肥(7月上旬),施尿素75kg/hm^2;第二次于根部迅速膨大期追肥(8月上旬),施尿素75kg/hm^2,磷酸二氢钾30kg/hm^2,尿素结合降雨施入,磷酸二氢钾根外喷施。

8.5 病虫害防治

8.5.1 防治原则

以农业和物理防治为基础,应用生物防治,依据病虫害发生发展规律,科学使用化学防治,有效控制病虫危害。防治原则符合GB/T 8321.10要求(所有部分)。

8.5.2 麻口病

农业防治:与禾谷类、豆类、油菜等作物实行三年以上轮作;轮作年限不足的,须深翻耕地30cm以上;使用腐熟的农家肥或生物有机肥。

化学防治:地下病虫害严重的地块,播前用高效、低毒、低残留农药进行土壤消毒,施辛硫磷15kg/hm^{2}或联苯·噻虫胺15kg/hm^{2}和多菌灵15kg/hm^{2}或嘧菌噁霉灵15kg/hm^2,兑细沙或细土50kg,均匀施于芦头顶端。使用40%多菌灵胶悬剂3.75kg/hm^{2}或甲基托布津9kg/hm^2,加水150kg进行喷洒,5月上旬和6月中旬各1次。

生物防治:推广应用植物源农药"世创植丰宁"等进行防治。

8.5.3 根腐病

农业防治:避免连作,轮作倒茬,采用3年~5年的轮作制。

化学防治:移栽前用50%辛硫磷乳剂800倍液~1000倍液浸根15min~20min,或用1:1:150波尔多液浸根苗15min~20min消毒,边浸边晾边移栽。

生物防治:推广使用植物源农药"世创植丰宁"等进行防治。

9 采收

9.1 采收时间

于10月下旬霜降过后,地上部茎叶变枯黄时进行采挖。

9.2 采收方法

采挖时要进行分等,采挖的鲜当归要防冻害,尽量避免挖断主根或损伤表皮。

参考文献

[1] 王富胜，汪淑霞，杨荣洲，权小斌，刘效瑞. 植物源有机肥在当归上的应用效果[J]. 甘肃农业科技，2020(1)：41,44.

[2] 李应东. 当归研究[M]. 北京：科学出版社，2021:60，228.

[3] 李应东. 甘肃道地药材当归研究 [M]. 兰州：甘肃科学技术出版社，2012:124，129，163.

[4] 杨荣洲，马伟明，王富胜. 中药材当归贮藏技术[J]. 农业科技与信息，2021(23):81,83.

[5] 刘效瑞，王富胜，刘荣清，等. 旱农区主要粮经作物规范化生产技术研究与应用[M]. 兰州：甘肃科学技术出版社，2014:82，92，147.

[6] 李丽，王富胜，汪淑霞，等. 氮磷钾合理配施对当归生产效应的影响[J]. 作物科技，2022(15):10,13.

[7] 白刚，郭凤霞，陈垣，等. 农茬口对土壤特性及熟地当归育苗的调控效应[J]. 中国生态农业学报，2020，28(5):701,712.

本文件起草单位：定西市农业科学研究院、定西科技创新研究院、甘肃岷县当归研究院、定西市经济作物技术推广站、甘肃农业大学、定西市药品检验检测中心、甘肃省农业工程技术研究院、北京中医药大学、甘肃中医药大学、中国中药有限公司、国药种业有限公司、甘肃省农业科学院中药材研究所、甘肃数字本草检验检测中心有限公司、甘肃渭水源药业有限公司、甘肃岷海制药有限公司。

本文件主要起草人：王富胜、李丽、陈向东、潘遐、潘晓春、陈芳、孙志蓉、杨荣洲、王文娟、刘莉莉、朱田田、陈玉武、王兴政、郭增祥、汪淑霞、晋小军、高云峰、姜笑天、张凤萍、李鹏英、郑司浩、靳云西、祁青燕、师立伟、邱国玉、王浩亮、蔡子平、王小芳、张政、魏学冰、张峰、秦飞。

第3部分　初加工及仓储技术规程

1　范围

本文件规定了定西市当归适宜产区当归的产地初加工流程和技术要求。本文件适用于定西市当归适宜产区当归的产地初加工和仓储。

2　规范性引用文件

下列文件对于本文件的应用是必不可少的。凡是注日期的引用文件,仅所注日期的版本适用于本文件。凡是不注日期的引用文件,其最新版本(包括所有的修改单)适用于本文件。

SB/T　l0977　仓储作业规范

GB/T　191　包装　储运图示标志

GB/T　6543　运输　包装用单瓦楞纸箱和双瓦楞纸箱

GB/T　21660　塑料购物袋的环保、安全和标识通用技术要求

SB/T　11039　中药材　追溯通用标识规范

SB/T　11094　中药材　仓储管理规范

SB/T　11095　中药材　仓库技术规范

SB/T　11150　中药材气调养护技术规范

《中华人民共和国药典》(一部)

七十六种药材商品规格标准[国药联材字(84)第72号文附件]

3　术语与定义

下列术语和定义适用于本文件。

3.1　当归

为伞形科植物当归 *Angelica sinensis*(Oliv.)Diels 的干燥根。

3.2　产地加工 *Pimary processing*

在当归产地对采收的当归鲜药材进行去杂、干燥、趁鲜切制等作业的方法。

4　初加工

4.1　去杂

对挖出的当归根系抖去泥土,在地上晾晒,使之失水变柔,再用板条在当归头部轻

轻敲打数次,抖去泥土,并拣出腐烂植株及残茎等。

4.2 干燥

4.2.1 晒干

将当归在篷布上摊开进行晾晒,根条失水后,再次用木条敲打,抖净泥土,理顺根条。在室外晾晒时,晚上要防冻,必要时用塑料布覆盖或晚上拿到室内,以免受冻。

4.2.2 阴干

将当归放置或悬挂在通风的室内或荫棚下,避免阳光直射,直至药材干燥。

4.2.3 烘干

采用烘房干燥技术,一般以40℃~50℃为宜。

4.3 扎把

切除当归残留的叶柄,抖掉残留泥土,用手将侧根捋直。然后扎把,用藤条或柳树皮从头至尾缠绕数圈,使其形成一个圆锥体,一般大的2支~3支扎把,小的4支~6支扎把,每把重约0.5kg。

4.4 熏制

传统用搭棚的烟火熏烤,在设有多层棚架的熏烤房内进行。熏烤前先将烤筐分为底、中、上三部分,然后把扎好的根把平放一层在底部,立放一层(头朝下)在中部,上部再平放3层~4层,使其总厚度不超过50cm,然后将此筐摆于烤架上;也可按照上述摆放方法直接摆放于烤架上。以豆秆草或麦草等熏烤,使其上色,至当归表皮呈微黄色再用湿的杨柳木材文火慢慢熏烤,经过翻棚,使色泽均匀,全部达六七成干时,停火,自然干燥(阴干)。

4.5 分级

4.5.1 全归

特等:≤20支/kg。一等:20支/kg~40支/kg。二等:40支/kg~70支/kg。三等:70支/kg~110支/kg。等外:≥110支/kg。

4.5.2 归头

一等:≤40支/kg。二等:40支/kg~80支/kg。三等:80支/kg~120支/kg。四等:120支/kg~160支/kg。

5 贮藏

5.1 低温冷藏

贮藏温度-1℃~8℃,相对湿度65%,当归仓储管理符合SB/T 10977、SB/T 11094和SB/T 11095要求。

5.2 气调贮藏

气调养护贮藏应符合 SB/T 11150《中药材气调养护技术规范》要求。

6 包装及标识

当归药材分批分类,分别编制批号管理。按级称重装箱,箱外应标注产地、等级、采收时间、生产批量、净重等。当归药材的包装及标识应符合 GB/T 191、GB/T 6543、GB/T 21660 和 SB/T 11039 要求。

7 运输

运输过程应通风、透气,具备一定的防潮、防水措施。

参考文献

[1] 李应东. 当归研究[M]. 北京:科学出版社,2021:247,303,343.

[2] 李应东. 甘肃道地药材当归研究[M]. 兰州:甘肃科学技术出版社,2012:192,218.

[3] 国家药典委员会. 中华人民共和国药典(一部).2020.

本文件起草单位:定西市农业科学研究院、定西科技创新研究院、甘肃岷县当归研究院、定西市经济作物技术推广站、甘肃农业大学、定西市药品检验检测中心、甘肃省农业工程技术研究院、北京中医药大学、甘肃中医药大学、中国中药有限公司、国药种业有限公司、甘肃省农业科学院中药材研究所、甘肃药业集团科技创新研究院有限公司、甘肃数字本草检验检测中心有限公司、甘肃省药品检验研究院陇西分院、甘肃渭水源药业科技有限公司、甘肃岷海制药有限公司。

本文件主要起草人:王富胜、刘莉莉、李丽、潘遐、张明、潘晓春、姜笑天、张夙萍、单会忠、晋小军、王文娟、陈向东、陈垣、高娜、陈芳、陈玉武、李鹏英、郑司浩、靳云西、祁青燕、郭增祥、汪淑霞、师立伟、王浩亮、邱国玉、王小芳、王国祥、张政、魏学冰、秦飞、张峰。

第4部分 药材质量

1 范围

本文件规定了定西市当归适宜产区当归的质量控制要求、安全要求及检验方法。本文件适用于定西市当归适宜产区当归的药材质量。

2 规范性引用文件

下列文件中的内容通过文中的规范性引用而构成本文件必不可少的条款。其中,注日期的引用文件,仅该日期对应的版本适用于本文件;不注日期的引用文件,其最新版本(包括所有的修改单)适用于本文件。

《中华人民共和国药典》(一部) 《中华人民共和国药典》(一部、四部)

《WMZ 药用植物及制剂进出口绿色行业标准》

3 术语和定义

下列术语和定义适用于本文件。

3.1 当归

为伞形科植物当归 *Angelica sinensis*(Oliv.)Diels 的干燥根。

4 质量要求

4.1 性状特征

本品略呈圆柱形,下部有支根3条~5条或更多,长15cm~25cm。表面浅棕色至棕褐色,具纵皱纹和横长皮孔样凸起。根头(归头)直径1.5cm~4cm,具环纹,上端圆钝,或具数个明显突出的根茎痕,有紫色或黄绿色的茎和叶鞘的残基;主根(归身)表面凹凸不平;支根(归尾)直径0.3cm~1cm,上粗下细,多扭曲,有少数须根痕。质柔韧,断面黄白色或淡黄棕色,皮部厚,有裂隙和多数棕色点状分泌腔,木质部色较淡,形成层环黄棕色。有浓郁的香气,味甘、辛、微苦。柴性大、干枯无油或断面呈绿褐色者不可供药用。

4.2 鉴别

显微鉴别和薄层鉴别符合《中华人民共和国药典》(一部)要求。

4.3 理化指标

4.3.1 水分

不得超过15.0%。符合《中华人民共和国药典》(一部)要求。

4.3.2 总灰分

不得超过7.0%。符合《中华人民共和国药典》(一部)要求。

4.3.3 酸不溶性灰分

不得超过2.0%。符合《中华人民共和国药典》(一部)要求。

4.3.4 浸出物

按照醇溶性浸出物测定法(通则2201)项下的热浸法测定,用70%乙醇作溶剂,不得少于48.0%。

4.3.5 挥发油

不得少于0.4%(mL/g)符合《中华人民共和国药典》(一部)要求。

4.3.6 阿魏酸

按干燥品计算,含阿魏酸($C_{10}H_{10}O_4$)不得少于0.050%。符合《中华人民共和国药典》(一部)要求。

4.4 安全性指标

4.4.1 农药残留量

参照《中华人民共和国药典》(四部)通则农药残留量测定法及《药用植物及制剂进出口绿色行业标准》相关要求测定。

4.4.2 重金属及有害元素

参照《中华人民共和国药典》(四部)通则铅、镉、砷、汞、铜测定法及《药用植物及制剂进出口绿色行业标准》相关要求测定。

参考文献

[1] 国家药典委员会. 中华人民共和国药典(一部)[S]. 北京:中国医药科技出版社,2020:139.

[2] 李应东. 当归研究[M]. 北京:科学出版社,2021:303,343.

[3] 李应东. 甘肃道地药材当归研究[M]. 兰州:甘肃科学技术出版社,2012:218,306.

[4] 甘肃省药品监督管理局. 岷归道地药材质量标准.DB 62/T001DDBZ—2019.

本文件起草单位:定西市农业科学研究院、定西科技创新研究院、甘肃岷县当归研究院、定西市经济作物技术推广站、甘肃农业大学、定西市药品检验检测中心、甘肃省农业工程技术研究院、北京中医药大学、甘肃中医药大学、中国中药有限公司、国药种业有限公司、甘肃省农业科学院中药材研究所、甘肃药业集团科技创新研究院有限公司、甘肃数字本草检验检测中心有限公司、甘肃省药品检验研究院陇西分院、甘肃渭水源药业科技有限公司、甘肃岷海制药有限公司、鑫东融农业技术发展有限公司。

本文件主要起草人:潘遐、潘晓春、孙志蓉、王富胜、李丽、陈玉武、朱田田、陈芳、杨荣洲、王文娟、刘莉莉、姜笑天、王兴政、李鹏英、郑司浩、靳云西、祁青燕、郭增祥、张夙萍、吕宝、单会忠、晋小军、邱国玉、王小芳、张政、王国祥、师立伟、王浩亮、张峰、秦飞、王亚萍。

ICS 11.120.99

CCS C23

团　　　　　体　　　　　标　　　　　准

中药材　黄芪

2023-08-24 发布　　　　　　　　　　　　　　　　2023-11-01 实施

定西市中药质量检验检测评价联盟 发布

第1部分　种子种苗繁育技术规程

1　范围

本文件规定了定西市黄芪适宜产区种子、种苗的术语和定义、制种、种苗繁育等技术要求。本文件适用于定西市黄芪适宜产区种子、种苗的繁育。

2　规范性引用文件

下列文件对于本文件的应用是必不可少的。凡是注日期的引用文件,仅所注日期的版本适用于本文件。凡是不注日期的引用文件,其最新版本(包括所有的修改单)适用于本文件。

GB　3095　环境空气质量标准

GB　15618　土壤环境质量

GB/T　7415　农作物种子贮藏

DB13/T　758.5　无公害中药材田间生产技术规程 第5部分:黄芪

DB62/T　2002　中药材种子　黄芪

DB62/T　2819　中药材种苗　黄芪

DB62/T　2238　黄芪种苗繁育技术规程

DB62/T　2834　黄芪种子繁育技术规程

《中华人民共和国药典》(一部)　黄芪

3　术语和定义

下列术语和定义适用于本文件。

3.1　黄芪种苗 Seedlings of *Astragalus membranaceus*

蒙古黄芪 *Astragalus membranaceus*(Fisch.)Bge.Var.mongolicus(Bge.)Hsiao 种子繁育而成的一年生幼苗。

4　繁种技术

4.1　环境要求

选择海拔高度1700m~2500m,年平均气温6℃~8℃的区域育苗,空气质量符合GB

3095，土壤环境符合国家土壤质量 GB　15618 的要求，大气、水样品应检测，符合《中药材生产质量管理规范》的种植区域，且要保持生长期间持续符合标准。

4.2　品种选择

优先选择陇芪 1 号、陇芪 2 号等优良品种。

4.3　选地整地

4.3.1　选地

选择地势平坦，土层深厚疏松，透水透气性好，前茬未种植豆科作物的地块，土壤 pH7.5~8.2，前茬以禾谷类、薯类、玉米等农作物为好，轮作周期要求三年以上。制种地块要求四周有隔离带，即 300m 内无豆科作物种植。

4.3.2　整地

前茬作物收获后及时深翻晒垡，秋季浅耕耙耱。结合整地施入腐熟农家肥 37500kg/hm^2~45000kg/hm^2 或商品有机肥 1500kg/hm^2，尿素 300kg/hm^2，过磷酸钙 450kg/hm^2，氯化钾 150kg/hm^2。

4.4　移栽

4.4.1　移栽时间

选择符合 DB62/T　2819 标准的一级或二级种苗，在 3 月中旬至 4 月中旬移栽。

4.4.2　移栽方式

开沟深 35cm，行距 50cm，将苗按株距 20cm 斜摆在沟壁上，倾斜 45°，用后排开沟土覆盖前排种苗，苗头覆土厚度为 2cm~3cm，以种苗完全覆盖为度。

4.4.3　繁种时长

移栽后的留种田要求生长 3 年~6 年时间，第二年开始采收种子。也可以在成药田按上述株行距间苗或采挖时选择健康的成药株按上述株行距移栽后采种。

4.5　田间管理

4.5.1　除草和去杂

苗出齐后视杂草情况及时除草；在现蕾期、开花期去除杂株、病弱株。

4.5.2　水肥管理

水地结合灌水追肥，旱地结合降雨进行。苗期追氮肥 75kg/hm^2；开花期用 0.3%磷酸二氢钾 75kg/hm^2 进行叶面追肥。在现蕾初期如遇干旱要浇水 1 次，浇水以小水灌溉为宜，忌大水漫灌。

4.6　采收

4.6.1　采收时间

留种在 6 月中下旬，当荚果由绿色变为黄白色、种子呈浅褐色时随熟随采，分批次进行,采收不宜过迟。

4.6.2 采收方式

机械采收或人工割取和剪取果荚或果穗,采收后及时晾晒、脱粒,避免发霉受潮。脱粒后精选、干燥。

4.7 贮藏

种子贮藏符合 GB/T 7415 要求。

4.8 种子质量

种子质量符合 DB62/T 2002 要求。

5 育苗技术

5.1 选地整地

选择土层深厚、质地疏松肥沃、有良好排灌条件或近水源的地块,前茬为小麦等禾本科作物为宜。前茬作物收获后深耕晒垡,结合深耕整地施入腐熟农家肥 37500kg/hm^2~45000kg/hm^2,施氮肥 375kg/hm^2、磷肥 300kg/hm^2、钾肥 150kg/hm^2。

5.2 种子质量要求

黄芪种子质量符合 DB62/T 2003 要求。

5.3 种子处理

黄芪种皮有蜡质层,播种前将种子和细沙按 2:1 的比例拌匀,装在布袋中不断揉搓,可把种皮擦破;或先将种子与细沙拌匀后,用碾米机碾两次,擦破种皮;或用开水烫种 90s,后在温水中浸泡 2h,使得种子吸水膨胀,表皮变软,有利于催芽。

5.4 播种

5.4.1 播种时间

3 月下旬至 4 月上旬播种。

5.4.2 播种量

播种量 150kg/hm^2~180kg/hm^2。

5.4.3 播种方法

5.4.3.1 撒播

将种子撒在耙平的地表,然后用犁划破地表 3cm~4cm,浅沟将种子与细土或细沙按 1:1 拌匀后撒播,再耙耱整平压实,最后覆盖 2cm~3cm 厚的沙石,覆盖黑色遮阳网或均匀覆盖麦草遮阴。

5.4.3.2 条播

按行距 5cm 开沟,沟深 2cm~3cm,将处理后的种子拌少量细沙,均匀撒在沟里,用细土覆盖,覆土厚度 2.5cm~3.0cm,再覆盖一层厚度 1.0cm 的沙石,以利保温和出苗。播后对种沟内的表土稍加镇压,使土壤和种子紧密结合。播后应在苗床上均匀覆盖麦草,遮阴、保湿。

5.5 田间管理

5.5.1 除草

幼苗生长高度达 10cm 时及时除草,生长期内视杂草生长情况确定除草次数。

5.5.2 水肥管理

追肥结合降雨进行,7~8 月喷施 0.3%磷酸二氢钾 37.5kg/hm^2 或尿素 75kg/hm^2。有灌溉条件的地块视土壤墒情浇水。

5.6 病虫害防治

优先考虑农业措施,合理轮作倒茬,清除田间病残体,加设防虫灯、黄板等。

5.6.1 白粉病

白粉病主要危害叶片和荚果,发病部位表面产生白色绒毛状霉斑,发病植株比较弱小。初期在早晚用 50%多菌灵可湿性粉剂 500 倍液~800 倍液,或 50%硫黄悬浮剂 800 倍液~1000 倍液喷雾防治,间隔 7d 喷 1 次,共喷 2 次~4 次。

5.6.2 根腐病

发病期下部须根或侧根出现暗紫色病斑,然后变黑腐烂。一般结合整地向田块喷洒 85%三氯异氰尿酸可溶性粉剂 800 倍液~900 倍液,或 40%异菌佛啶胺 1000 倍液灌根。

5.6.3 蚜虫

蚜虫主要为害叶、嫩茎、嫩荚,优先推荐悬挂黄板诱杀,也可用 50%辛硫磷乳油 1000 倍液叶面喷雾防治,每隔 7d~10d 喷施 1 次,连续喷施 2 次~3 次。

5.7 采收

5.7.1 采收时间

当年 10 月中旬地上部分枯萎后或第 2 年 3 月至 4 月初采挖。

5.7.2 采收方法

从地边开始贴苗开深沟,然后逐渐向里挖,挖出的种苗要及时覆盖、扎把,以防失水。

5.8 种苗质量

符合 DB62/T　2819 中药材种苗　黄芪规定要求的种苗,并且无病斑、无虫斑、无腐烂、无机械损伤、色泽正常、顶牙发育饱满。

5.9 贮藏

5.9.1 贮藏方式

贮苗前,要仔细拣出病苗、烂苗、伤苗,然后选阴湿的地方挖宽 100cm,深 60cm 的坑。将选好的苗把平放一层,铺上 5cm 厚的湿土,在湿土上再放层苗把,如此放 3 层~4

层苗,最后用湿土埋好。埋苗土墩高于地面 0.2m~0.3m,便于排水。

5.9.2 贮藏期限

时间一般在 3 月~6 月之间。

5.10 运输

运输时将苗挖出,加入湿土装入麻袋或编织袋,先将车厢四周用塑料垫封,然后装车,最后用篷布包扎结实,即可运输。

参考文献

[1] 张文辉,夏建红,赵丽春. 基于规范化良种生产基地的黄芪种子繁育技术[J]. 中国种业,2022 (9):149,151.

[2] 赵鑫,葛慧,王盼,贾袭伟,等. 中药材种子种苗繁育现状及发展建议[J]. 中国种业,2021(5):28,31.

[3]张文辉. 道地大宗中药材旱地高效育苗技术探讨[J]. 农业科技与信息,2014(22):26,34.

[4] 黄耀龙,武永陶,曹占凤,等. 黄芪新品种西芪 1 号种苗高效繁育技术[J]. 甘肃农业科技,2021,52(4):92,94.

[5] 樊良帅, 尚兴朴, 朱勇, 等. 蒙古黄芪种子质量评价研究 [J]. 种子,2022.(08):116,120,125.

本文件负责起草单位:定西市农业科学研究院、定西科技创新研究院、北京中医药大学、中国中药有限公司、国药种业有限公司、甘肃中医药大学、甘肃省药品检验研究院陇西分院、甘肃省农科院中药材研究所、甘肃省农科院植物保护研究所、定西市药品检测检验中心、陇西奇正药材有限公司、甘肃渭水源药业有限公司。

本文件主要起草人:尚虎山、孙志蓉、文殷花、王文娟、高云峰、姜笑天、张夙萍、王浩亮、杨荣洲、陈爱昌、李鹏英、靳云西、祁青燕、蔡子平、张海星、高晓昱、罗永慧、秦飞、郭柳、曹世勤、李宁。

第2部分　栽培技术规程

1　范围

本文件规定了定西市黄芪适宜产区的栽培环境、种苗选择、移栽、田间管理等技术要求。本文件适用于定西市黄芪适宜产区黄芪栽培生产。

2　规范性引用文件

下列文件对于本文件的应用是必不可少的。凡是注日期的引用文件,仅所注日期的版本适用于本文件。凡是不注日期的引用文件,其最新版本(包括所有的修改单)适用于本文件。

GB　3095　环境空气质量标准

GB　15618　土壤环境质量

GB　4285　农药安全使用标准

GB/T　8321　农药合理使用准则

DB62/T　2819　中药材种苗　黄芪

NY/T　496　肥料合理使用准则　通则

NY/T　1276　农药安全使用规范　总则

DB13/T　758.5-2006　无公害中药材田间生产技术规程　第5部分:黄芪

《中华人民共和国药典》(一部)　黄芪

3　术语和定义

下列术语和定义适用于本文件。

3.1　黄芪种苗

为豆科黄芪属多年生草本植物蒙古黄芪 *Astragalus membranaceus* (Fisch.)Bge.Var. mongolicus (Bge.)Hsiao 的种苗。

3.2　仿野生栽培

根据黄芪生长特性及其对生态环境条件的要求,在其原生态或相类似的环境中,通过人工播种自然生长3年~4年的黄芪种植技术。

4 栽培方式

4.1 选地整地

4.1.1 选地

选择地势平坦、土层深厚疏松、透水透气性好、前茬未种植豆科作物的地块，土壤pH7.5~8.2，前茬以禾谷类、薯类、玉米等农作物为好，轮作周期要求3年以上。

4.1.2 整地

前茬作物收获后及时深翻晒垡，秋季浅耕耙耱。结合整地施入腐熟农家肥37500kg/hm^2~45000kg/hm^{2}或商品有机肥1500kg/hm^2，尿素300kg/hm^2，过磷酸钙450kg/hm^2，氯化钾150kg/hm^2。

4.2 大田栽培

4.2.1 移栽时间

3月中旬至4月上旬。

4.2.2 移栽方式

4.2.2.1 露地沟栽

在整平的地块开沟，沟深40cm，将种苗苗头相距15cm~17cm平放或倾斜放置在沟内，翻土覆盖种苗，苗头覆土2cm~3cm，保持行距25cm，保苗27万株/hm^2~30万株/hm^2，可采用机械移栽。

4.2.2.2 覆膜露头平栽

选用幅宽50cm的黑色膜，覆膜定植要求按行距35cm，株距10cm，将地面表土铲去5cm左右，将苗头朝向同一方向，平行摆放，保持苗头在一条线上，可用挂线方法保证苗头一致，使苗头露出线外1cm~2cm。摆满一排后，将苗尾部表土铲起，均匀覆盖于前排摆放的黄芪苗子上，覆土厚度3cm~5cm，将苗头、苗尾覆盖严，然后覆膜。按行距50cm换线，整平地面后，摆放第二排，以此类推，保苗18万株/hm^2。

4.2.2.3 露地移栽覆膜

按株距12cm、行距25cm进行露地移栽，待种苗返青至株高10cm时，选择宽80cm~100cm的地膜，结合中耕除草，进行一边覆膜，一边膜上打孔放苗。

4.3 仿野生栽培

一般采取种子直播，在苗期可以人工除草，成药阶段减少除草次数，模拟药草共生环境，一般生长周期3年~4年。

5 田间管理

5.1 中耕除草

在黄芪成药期，中耕除草3次。第一次在5月中旬进行，要浅锄；第二次6月中旬进行,要求锄深锄透,为封垄打好基础;第三次在7月中旬进行,要求浅锄、细除。后期出现杂草应及时拔除。

5.2 水肥管理

有灌溉条件的地方可在开花结荚期视土壤墒情灌水1次~2次。水地结合灌水追肥,旱地结合降雨进行,移栽出苗期追施氮肥60kg/hm^2(1亩约为667m^2)。出苗后应及时拔除杂草,5月上旬第一次除草,以后视杂草生长情况除草2~3次。

6 病虫害防治

6.1 防治原则

以农业和物理防治为基础,加强生物防治,按照病虫害的发生规律,科学使用化学防治技术,有效控制病虫危害。防治原则符合GB/T　8321要求(部分)。

农业防治:深翻土壤,增施有机肥,合理轮作倒茬,及时清除病株残体。合理密植,配方施肥,增施磷、钾肥,避免氮肥过量,南北行种植。可架设黑光灯和粘虫板。

化学防治:采用化学防治时,应当符合国家有关规定;优先选用高效、低毒生物农药;尽量避免使用除草剂、杀虫剂和杀菌剂等化学农药,不使用禁、限用农药。

6.2 病害

6.2.1 根腐病

移栽前将种苗用3%甲霜·噁霉灵水剂700倍液或20%的乙酸铜可湿性粉剂900倍液蘸根10min,1d~2d后移栽。发病初期用多菌灵或甲基托布津1200倍液喷雾。推广应用植物源农药“世创植丰宁”等进行生物防治。

6.2.2 白粉病

8月发病初期用25%腈菌唑乳油2500倍液~3000倍液,或25%三唑酮可湿性粉剂1000倍液及10%苯醚甲环唑700倍液防治。隔5天喷一次,共计2次~3次。后期用粉锈宁1500倍液防治,5d喷一次,共计2次~3次。

6.2.3 霜霉病

发病初期,用安可锰锌、甲霜灵锰锌1200倍液轮换喷施防治,每隔5天一次,共3次。

6.3 虫害

6.3.1 蚜虫、红蜘蛛用噻虫胺、联氰戊菊酯、吡虫啉、苦参碱等药剂800倍液~1500倍液喷洒,每隔5天一次,防治2次~3次。

6.3.2 地老虎

幼虫用噻虫胺毒土或颗粒剂撒施根附近防治。

6.3.3 蛴螬、金针虫

可用40%乐果800倍液~1500倍液防治,拌入有机肥中,结合深翻施入耕作层内。

7 采收

7.1 采收时间

育苗移栽后 1 年~2 年采收,每年 10 月下旬至土壤封冻前采挖。仿野生栽培直播后 3 年~4 年采收,春季萌芽前或秋季落叶后采挖。

7.2 采收方式

当植株茎叶枯萎时,将地上部茎叶割掉,留下 3cm~5cm 短茬。采挖时在地的一边开 60cm~70cm 深的沟,然后挖土,用铁杈或机械采收,防止挖断主根或碰破外皮。也可采用旋耕机、挖掘机等机械采挖。采收后除去泥土、须根和地上部分,晒干。

参考文献

[1] 管青霞,李城德,李锦龙,等. 蒙古黄芪覆膜露头栽培技术规程[J].甘肃农业科技,2019(05):84,87.

[2] 尚虎山,张明,等. 甘肃道地药用植物黄芪栽培及产后初加工[M]. 兰州:甘肃科学技术出版社,2018.

本文件负责起草单位:定西市农业科学研究院、定西科技创新研究院、定西市药品检测检验中心、北京中医药大学、中国中药有限公司、国药种业有限公司、甘肃中医药大学、甘肃省药品检验研究院陇西分院、甘肃省农科院中药材研究所、甘肃省农科院植物保护研究所、陇西奇正药材有限责任公司、甘肃渭水源药业有限公司。

本文件主要起草人:尚虎山、王文娟、高晓昱、文殷花、李鹏英、高云峰、姜笑天、张夙萍、陈爱昌、孙志蓉、师立伟、蔡子平、张海星、杨荣洲、靳云西、祁青燕、李宁、罗永慧、秦飞、郭柳、曹世勤。

第3部分 初加工及仓储技术规程

1 范围

本文件规定了定西市黄芪适宜产区黄芪的产地初加工流程和技术要求。本文件适用于定西市黄芪适宜产区黄芪的产地初加工和仓储。

2 规范性引用文件

下列文件中的内容通过文中的规范性引用而构成本文件必不可少的条款。其中,注日期的引用文件,仅该日期对应的版本适用于本文件;不注日期的引用文件,其最新版本(包括所有的修改单)适用于本文件。

《中华人民共和国药典》(一部)黄芪

SB/T 10977 仓储作业规范

SB/T 11095 中药材 仓库技术规范

SB/T 11094 中药材 仓储管理规范

SB/T 11150 中药材 气调养护技术规范

3 术语与定义

下列术语和定义适用于本文件。

3.1 产地初加工

对采收的黄芪鲜药材进行去杂、揉搓、干燥等初步处理的作业。

3.2 批

种植地或者野生抚育地环境条件基本一致、生产周期相同、生产管理措施一致、采收和产地初加工也基本一致、质量基本均一的一批黄芪药材。

3.3 常温库

温度在0℃~20℃,相对湿度在35%~75%的仓库。

4 加工场地及设施、机械要求

4.1 加工场地与车间要求

加工场地应无积尘、积水、污垢,保持清洁、宽敞,通风良好,具有遮阳、防雨、防鼠、防虫及牲畜的设施。

4.2 加工机械要求

加工使用的各类机械(揉搓机等)与器具应具有符合国家安全生产的相关检验合格资料。所有加工机械、辅助器械不与黄芪药材发生化学反应而改变药材的色泽、气味。

5 技术要求

5.1 除杂

采收的黄芪白天放在空旷洁净的高处晾晒,夜晚加盖防雨布。当晾晒到六至七成干后,将芦头剪去或切除,再切掉侧根,并剔除破损、虫蛀、病害及腐烂变质的部分。

5.2 分级揉搓

5.2.1 分级并晾晒

除杂后的黄芪按直径分为大中小 3 档,头尾分开,晾晒。

5.2.2 揉搓

揉搓 2 次~3 次,使黄芪成外观整齐一致的搓条,以发甜柔绵为佳。具体做法是将晒至六七成干的黄芪取 1.5kg~2kg,用编织袋包好,放在平整的木板上来回揉搓,搓到条直、皮紧实为止。然后将搓好的黄芪摊平晾在洁净的场院内,晾晒 2d 左右,进行 2 次搓条,当黄芪含水量二至三成时进行第 3 次搓条。搓好的黄芪用细铁丝扎 0.5kg~1kg 的小把,或 30 根~40 根扎成大把,晒干。搓条亦有取碗口大小的一把黄芪,置木板上,用麻绳缠 1 圈~2 圈,用脚踩在黄芪上,两手拉住,手脚并用,前后移动,反复搓揉成直条。

5.3 清洗

使用符合 GB 5749 要求的水,用 2MPa~6MPa 的高压水枪淋洗黄芪 10min~20min,去除杂质,严格控制淋洗时间,操作中防止黄芪表皮破损。

5.4 干燥

烘房或太阳房干燥(35℃~50℃),应白天摊开,晚上堆成堆,利于发汗,反复晒至含水量 15%以下即可。

6 标识

应标有药材品名、规格、重量、产地、生产批号、加工日期、储藏方法及生产企业。

7 储藏

7.1 基本要求

本品富含淀粉,易虫蛀,易吸潮发霉,应贮藏于阴凉、通风干燥处,防潮、防蛀,符合 DB62/T 2341 要求。黄芪药材应批号分类,分别编制批号管理。温度 0℃~30℃,相对湿度 35%~75%的环境内储藏。

7.2 仓库类型

宜选择常温库进行储存。仓库应具备 SB/T 11095 所规定的条件。

7.3 养护

气调养护按 SB/T 11150 要求执行。常规储存中定期进行批号巡查质量,出现异常及时采取干燥、除湿等措施,必要时采用杀虫等方式养护。不得使用国家禁用的高毒性熏蒸剂,禁止使用硫黄熏蒸。储存期间各种养护操作应当建立养护记录。

7.4 储藏管理

储存时应分批次、分等级堆放。堆码整齐,层数不宜过多,便于通风,控制适宜的温度、湿度。仓储作业和仓储管理应符合 SB/T 10977 和 SB/T 11094 的要求。

8 运输

黄芪药材尽量避免与其他药材混合运输,运输工具应通风透气,且有一定的防潮、防水措施。

9 保质期

常温存放,保质期为 2 年。

参考文献

[1] 徐晓艳,杨锡仓. 甘肃民间黄芪加工炮制方法简介.[J] 甘肃中医学院学报,2014,31(3):88,89.

[2] 尚虎山,张明等. 甘肃道地药用植物黄芪栽培及产后初加工. 兰州:甘肃科学技术出版社,2018.

本文件负责起草单位:定西市药品检测检验中心、定西科技创新研究院、渭源县食品药品检验检测中心、定西市农业科学研究院、安定区青岚山乡人民政府、中国中药有限公司、国药种业有限公司、甘肃中医药大学、甘肃省药品检验研究院陇西分院、甘肃省农科院中药材研究所、甘肃省农科院植物保护研究所、陇西奇正药材有限责任公司、甘肃渭水源药业有限公司。

本文件主要起草人:高晓昱、朱文娟、尚虎山、何亚玲、马伟明、高娜、杨荣洲、姜笑天、张凤萍、秦飞、安志刚、靳云西、祁青燕、郭柳、陈爱昌、王文娟、师立伟、张海星、罗永慧、曹世勤。

第4部分 药材质量

1 范围

本文件规定了定西市黄芪适宜产区黄芪的检验方法、质量要求及安全要求。本文件适用于定西市黄芪适宜产区黄芪的药材质量。

2 规范性引用文件

下列文件中的内容通过文中的规范性引用而构成本文件必不可少的条款。其中,注日期的引用文件,仅该日期对应的版本适用于本文件;不注日期的引用文件,其最新版本(包括所有的修改单)适用于本文件。

《中华人民共和国药典》(一、四部)

《WMZ药用植物及制剂进出口绿色行业标准》

3 术语和定义

下列术语和定义适用于本文件。

3.1 黄芪 *Astragali Radix*

本品为豆科植物蒙古黄芪 *Astragalusmembranaceus* (Fisch.)Bge.var.mongholicus (Bunge.) Hsiao. 的干燥根。

4 质量要求

4.1 性状特征

本品呈圆柱形,有的有分支,上端较粗,长30cm~90cm,直径1cm~2.5cm。表面淡棕黄色,有不整齐的纵皱纹或纵沟。质地硬而韧,不易折断,断面纤维性强,并显粉性柔绵,皮部黄白色,木质部淡黄色,有放射状纹理和裂隙。气微,味微甜,嚼之微有豆腥味。

4.2 鉴别

显微鉴别和薄层鉴别符合《中华人民共和国药典》(一部)要求。

4.3 理化指标

4.3.1 水分

不得超过10.0%。符合《中华人民共和国药典》(一部)要求。

4.3.2 总灰分

不得超过5.0%。符合《中华人民共和国药典》(一部)要求。

4.3.3 浸出物

按照水溶性浸出物测定法(通则2201)项下的冷浸法测定,不得少于20.0%。

4.3.4 黄芪甲苷

按干燥品计算,含黄芪甲苷($C_{41}H_{68}O_{14}$)不得少于0.080%。符合《中华人民共和国药典》(一部)要求。

4.3.5 毛蕊异黄酮葡萄糖苷

按干燥品计算,含毛蕊异黄酮葡萄糖苷($C_{22}H_{22}O_{10}$)不得少于0.020%。符合《中华人民共和国药典》(一部)要求。

4.4 安全性指标

4.4.1 农药残留量

参照《中华人民共和国药典》(四部)通则农药残留量测定法及《药用植物及制剂进出口绿色行业标准》相关要求测定。

4.4.2 重金属及有害元素

参照《中华人民共和国药典》(四部)通则铅、镉、砷、汞、铜测定法及《药用植物及制剂进出口绿色行业标准》相关要求测定。

参考文献

[1] 国家药典委员会.中华人民共和国药典.(一部)[S]. 北京:中国医药科技出版社,2020(5):24,25.

[2] 尚虎山,张明,等.甘肃道地药用植物黄芪栽培及产后初加工[M].兰州:甘肃科学技术出版社,2018.

本文件负责起草单位:定西市药品检测检验中心、定西科技创新研究院、渭源县食品药品检验检测中心、定西市农业科学研究院、北京中医药大学、陇西奇正药材有限责任公司、甘肃渭水源药业有限公司、中国中药有限公司、国药种业有限公司。

本文件主要起草人:张海星、高晓昱、朱文娟、尚虎山、姜笑天、张夙萍、王文娟、郭柳、杨荣洲、孙志蓉、罗永慧、秦飞、曹世勤、陈爱昌、李鹏英、王浩亮、靳云西、祁青燕。

ICS 11.120.99
CCS C23

团　体　标　准

中药材　党参

2023-08-24 发布　　2023-11-01 实施

定西市中药质量检验检测评价联盟 发布

第1部分　种子种苗繁育技术规程

1　范围

本文件规定了定西市党参适宜产区党参种子种苗的术语和定义、制种、种苗繁育等技术要求。本文件适用于定西市党参适宜产区党参的种子、种苗繁育。

2　规范性引用文件

下列文件对于本文件的应用是必不可少的。凡是注日期的引用文件,仅所注日期的版本适用于本文件。凡是不注日期的引用文件,其最新版本(包括所有的修改单)适用于本文件。

GB　3095　环境空气质量标准

GB/T　15618　土壤环境质量　农用地土壤污染风险管控标准

GB/T　7415　农作物种子贮藏

DB62/T　2001　中药材种子　党参

DB62/T　2816　中药材种苗　党参

3　术语和定义

下列术语和定义适用于本文件。

3.1　党参

种植于定西市境内的桔梗科植物党参 *Codonopsis pilosula*(Franch.)Nannf.的干燥根。

3.2　党参种子 Seeds of *Codonopsis pilosula*(Franch.)Nannf.

桔梗科党参属植物党参的三年生成熟果实。

3.3　党参种苗 Seedlings of *Codonopsis pilosula*(Franch.)Nannf.

党参种子繁育而成的一年生幼苗。

4　制种技术

4.1　品种类型

优选“渭党1号”“渭党2号”等新品种。

4.2 选地整地

4.2.1 选地

选择海拔 1800m~2500m、年平均气温 5℃~7℃、土层深厚、疏松肥沃、结构良好的黑垆土或黄绵土,土壤 pH6.0~7.5,前茬以豆类、禾本科作物为好,轮作周期 3 年以上,四周应有隔离带。

4.2.2 整地

前茬作物收获后及时深翻晒垡,秋季浅耕耙耱。结合整地施入腐熟农家肥或生物有机肥、专用肥及高钾复合肥。

4.3 移栽

4.3.1 移栽时间

春栽为主,3 月下旬至 4 月中旬为宜。

4.3.2 移栽方法

4.3.2.1 露地移栽

开深 25cm~35cm 的沟,耙细土块,以行距 25cm~30cm、株距 5cm~7cm,将党参苗斜摆沟中,根系自然舒展,苗头覆土厚度 2cm~3cm,适度镇压。

4.3.2.2 覆膜露头移栽

开 35cm,宽 5cm 深的平沟,将种苗头朝沟两边平行摆放,株距 4cm~5cm,除 1cm~2cm 苗头外,其余部位覆土 4cm~5cm,然后边覆膜边覆土,苗头部位压土 2cm~3cm,完成第一行栽植后,按膜间距 15cm 移栽第二行,以此类推。

4.5 田间管理

4.5.1 除草去杂

苗出齐后即可除草松土,以后视杂草情况及时除草。在开花期、采种期拔除杂株、病弱株。

4.5.2 追肥

水地结合灌水追肥,旱地结合降雨进行,返青后追施氮肥 67.5kg/hm^2;花期根外喷施 0.3%磷酸二氢钾 45kg/hm^2。

4.5.3 灌水

有灌溉条件的地方,遇旱浇水,浇水应以小水灌溉为宜,切忌大水漫灌。

4.5.4 搭架

6 月中下旬,在每个植株旁插 2m 长木杆,也可在种子田栽植行两端,每二行中间栽 1.5m~2m 高立柱, 立柱上绑扎铁丝拉紧,以细绳将党参植株绑吊在铁丝上,使其直立生长,便于通风透光。

4.6 采种

4.6.1 采收时间

种子田移栽当年就可采收种子，可连续采收 2~3 年。一般于 10 月中上旬，当蒴果呈黄褐色、种子黑褐色时采收。

4.6.2 采收方式

选择健壮、无病虫害侵染的植株留种，种子籽粒饱满，无虫蛀。割取藤蔓，晾晒 7d 左右，待蒴果完全开裂、种子干燥后，脱粒。脱粒后精选、干燥。

4.6.3 贮藏

符合 GB/T 7415 要求。

4.6.4 种子质量

符合 DB62/T 2001 要求。

5 种苗繁育技术

5.1 选地整地

5.1.1 选地

选择海拔高度 1800m~2500m、年平均气温 5℃~7℃、土层深厚、疏松肥沃、有良好排灌条件或靠近水源的地块，前茬为小麦、豆类等作物为宜。

5.1.2 整地

在育苗地结合耕翻施入腐熟农家肥或生物有机肥、专用肥及高钾复合肥。

5.2 种子处理

播种前选晴天晒种 1d~2d，用浓度 10%左右的盐水（100kg 清水加入 10kg 左右的食盐）选种，捞去漂浮在水面的杂物，然后用清水冲洗 2 遍~3 遍。杂物捞出后用火烧毁。

5.3 播种

5.3.1 播种时间

3 月中旬至 4 月中旬。

5.3.2 播种量

4.5kg/hm^2~6.0kg/hm^2。

5.3.3 播种方式

5.3.3.1 撒播

苗床整平耙细，将种子与等量草木灰、细沙或细土混拌均匀后撒在苗床上，轻轻拍打，再覆一层薄土(2cm~3cm)压实，使种子与土壤紧密结合。播种后及时覆盖一层麦草保墒，覆草不宜过厚，上压树枝，防止风吹。

5.3.3.2 条播

先在整好的畦面上开浅沟，行距 25cm~30cm，播幅 5cm 左右，深度 4cm~6cm，然后将种子与等量细土拌匀，均匀撒于种沟，微盖细土，稍加镇压，使种子和土紧实结合。播后应在苗床上均匀覆盖一层薄麦草，遮阴保湿。

5.3.3.3 穴播

选宽 120cm 黑色地膜，在成捆地膜上打直径 5cm~7.5cm 的孔，孔间距 10cm×10cm~15cm×15cm，每捆地膜分 3 次打完，然后在整平的地面上覆膜，将种子均匀撒入播种穴，每穴 30cm~40 粒种子，播种后覆盖少量细土，再用细沙封口。播种后及时覆盖少量麦草，上压树枝，再基其上搭建遮阳网遮阴。

5.4 田间管理

5.4.1 除草

幼苗株高 5cm 时及时除草，生长期内视杂草生长情况确定除草次数。

5.4.2 水肥管理

根据土壤墒情灌水，灌水量以土壤完全湿润但不积水为度，若遇大雨，田间有积水时要及时排水。追肥结合灌水或降雨进行，一般根外追施 0.3%磷酸二氢钾 75kg/hm²2 次~3 次，每次间隔 10d。

5.5 病虫害防治

5.5.1 防治原则

以农业和物理防治为基础，应用生物防治，按照病虫害发生规律，科学使用化学防治。防治原则符合 GB/T 8321 要求(所有部分)。

农业防治，推广抗旱抗病丰产品种，实行轮作倒茬。

化学防治，应当符合国家有关规定，优先选用高效、低毒生物农药，不使用禁、限用化学农药。

5.5.2 根腐病

发病期，可用植物源农药“世创植丰宁”等生物农药喷洒或用 50%多菌灵 500 倍液浇病区。

5.5.3 虫害

蚜虫：可用 40%乐果乳油 2000 倍液喷雾防治。

红蜘蛛：可用 50%虫螟松 1000 倍微~2000 倍液喷雾防治。

5.6 采收

5.6.1 采收时间

当年 10 月中旬或第 2 年 4 月上旬前采挖。

5.6.2 采收方法

从地边开始贴苗开深沟,然后逐渐向里挖,挖出的种苗要及时覆盖、扎把,以防失水。

5.7 贮存

5.7.1 种苗质量

种苗质量按 DB62/T 2816 中药材种苗·党参执行。当年采挖的种苗,选择贮苗,贮苗前仔细拣出病苗、烂苗、伤苗。

5.7.2 贮存方式

选择阴湿的地方挖宽 1cm、深 0.6cm 的坑,长度依贮苗数量而定。将选好的苗把平放一层,铺上 5cm 厚的湿土,在湿土上再放一层苗把,依此放 3 层~4 层苗,最后用湿土埋好。埋苗土墩高于地面 0.2m~0.3m, 防止积水倒灌,引起烂苗。

5.7.3 贮存期限

种苗贮存期不超过 6 个月,越冬苗于次年 4 月上旬前边挖边移栽。

8 运输

运输时将挖出的种苗装入麻袋或编织袋中,加入适量湿土保湿,车厢四周用塑料封口,然后装车,顶上覆盖麻袋,用塑料封好,最后用篷布包扎结实,即可运输。

参考文献

[1] 师丽丽,谭伟军,文殷花,等. 半干旱和二阴生态区党参高效高产栽培技术[J]. 农业与技术,2021,41(2):73,75.

[2]李晓雪,唐想芳.党参标准化种植加工技术[J]. 作物科学,2022(21):45,48,56.

[3]张文辉. 道地大宗中药材旱地高效育苗技术探讨[J]. 农业科技与信息,2014(22):26,34.

[4]孙志蓉,董生健. 甘肃适宜栽培的 20 种中药材[M].长春:吉林大学出版社,2021.

本文件负责起草单位:定西市农业科学研究院、定西科技创新研究院、定西市药品检测检验中心、北京中医药大学、渭源县市场监督管理局食品药品检验检测中心、中国中药有限公司、国药种业有限公司、甘肃中医药大学、甘肃省药品检验研究院陇西分院、甘肃省农科院中药材研究所、甘肃省农科院植物保护研究所、甘肃奇正药材有限公司、甘肃渭水源药业有限公司。

本文件主要起草人:尚虎山、刘莉莉、高晓昱、孙志蓉、朱文娟、高娜、姜笑天、张夙萍、张海星、杨荣洲、王文娟、单会忠、陈爱昌、李鹏英、王浩亮、罗永慧、秦飞、郭柳、曹世勤、魏学冰、王亚珍。

第2部分　栽培技术规程

1　范围

本文件规定了定西市党参适宜产区党参的栽培环境、种苗选择、选地、播种、田间管理等技术要求。本文件适用于定西市党参适宜产区党参的栽培和管理。

2　规范性引用文件

下列文件对于本文件的应用是必不可少的。凡是注日期的引用文件,仅所注日期的版本适用于本文件。凡是不注日期的引用文件,其最新版本(包括所有的修改单)适用于本文件。

GB　3095　环境空气质量标准

GB/T　15618　土壤环境质量农用地土壤污染风险管控标准

GB/T　8321　农药合理使用准则

GB　4285　农药安全使用标准

NY/T　496　肥料合理使用准则　通则

NY/T　1276　农药安全使用规范　总则

NY/T　393　绿色食品　农药使用准则

《中药材生产质量管理规范》(2022年第22号)

3　术语和定义

下列术语和定义适用于本文件。

3.1　党参

种植于定西市境内的桔梗科植物党参 *Codonopsis pilosula*(Franch.)Nannf.的干燥根。

4　产地环境

4.1　环境空气

空气质量符合GB　3095二级以上要求。

4.2　土壤条件

以黄绵土、黑垆土、黑麻土为好,要求土层深厚,土壤pH6.0~7.5。轮作周期3年以上。前茬作物以豆类、禾谷类等作物为好。土壤符合 GB15618 要求。

5 选地与整地

5.1 选地

选择海拔 1800m~2500m、年平均气温 5℃~7℃、年降水量在 450mm 以上的区域种植。

5.2 整地

前茬作物收获后及时深翻晒垡，秋季浅耕耙耱。结合整地施入腐熟农家肥 37500kg/hm^2，第 2 年播种前结合整地施纯氮 50kg/hm^2，五氧化二磷 80kg/hm^2。

6 种苗选择

选择健壮、无病虫感染、无人为损伤、表面光滑、质地柔软、幼嫩、均匀、条长、直径 2mm~5mm、苗长 10cm 以上的种苗。

7 移栽

7.1 移栽时间

春栽为主，3 月下旬至 4 月上旬为宜。

7.2 移栽方式

7.2.1 露地移栽

开深 25cm~35cm 的沟，耙细土块，以行距 25cm~30cm、株距 5cm~7cm 将种苗斜摆入沟中，根系自然舒展，芦头距地表 2cm~3cm，保苗 2.7 万株/hm^2~4.0 万株/hm^2。

7.2.2 覆膜露头移栽

开长 35cm、宽 5cm 深的平沟，将种苗头朝沟两边平行摆放，株距 4cm~5cm，除 1cm~2cm 苗头外，其余部位覆土 4cm~5cm，然后边覆膜边覆土，苗头部位压土 2cm~3cm，完成第一行栽植后，按膜间距 15cm 移栽第二行，以此类推，保苗 2.7 万株/hm^2~3.0 万株/hm^2。

8 田间管理

8.1 中耕除草

出苗后及时拔除杂草，5 月上中旬第一次除草，以后视杂草生长情况除草 2 次~3 次。株高 70cm~80cm 时，摘去茎尖 10cm，抑制地上部徒长。

8.2 水肥管理

有灌溉条件的地块，视干旱情况灌水，遇积水及时排水。7 月上旬开始，水浇地结合灌水追肥，旱地结合降雨进行，追施氮肥 112.5kg/hm^2。喷施 0.3%磷酸二氢钾或 0.2%尿素溶液。

8.3 病虫害防治

8.3.1 防治原则

以农业和物理防治为基础，应用生物防治，按照病虫害发生规律，科学使用化学防治。

8.3.2 病害

根腐病：发病初期可用植物源农药“世创植丰宁”等生物农药进行防治。

灰霉病：发病初期用多抗霉素可湿性粉剂、嘧霉胺悬浮液、腐霉利可湿性粉剂喷洒防治。

斑枯病：发病初期用多菌灵可湿性粉剂等喷洒防治。

8.3.3 虫害

蚜虫：用40%乐果乳油2000倍液喷雾防治或用氰戊菊酯、吡虫啉、阿维菌素等药剂防治。

红蜘蛛：可用50%虫莫松1000倍液~2000倍液喷雾防治。

8.3.4 鼠害

采用弓箭、捕鼠器、毒饵等进行捕杀。

9 采收

9.1 采收时间

于10月下旬至土壤封冻前采挖。边挖边在地面晾晒，整理后装入麻袋，运回加工。

9.2 采收方式

当植株茎叶枯萎时，将地上部茎叶割掉，留下3cm~5cm短茬。采挖时在地的一边开深60cm~70cm的沟，然后挖土，用铁杈或机械采收，防止挖断碰破外皮。

参考文献

[1]杜彩丽. 渭源县党参优质高产栽培技术[J]. 园林园艺，2021，(1):126,127.

[2]马重英. 定西市白条党参无公害生产技术[J]. 农机服务，2020，37(1):49,50.

[3]王小霞. 党参的栽培与管理探究[J]. 农机使用与维修，2020，2(90):111.

[4]张晓静. 党参高产优质栽培技术探讨[J]. 配套技术，2020，23(12):37,39.

本文件负责起草单位：定西市农业科学研究院、定西科技创新研究院、渭源县食品药品检验检测中心、北京中医药大学、中国中药有限公司、国药种业有限公司、甘肃中医药大学、甘肃省药品检验研究院陇西分院、甘肃省农科院中药材研究所、甘肃省农科院植物保护研究所、定西市药品检测检验中心、兰州大学草地农业科学院、甘肃奇正药材有限公司、甘肃渭水源药业有限公司。

本文件主要起草人：刘莉莉、尚虎山、高晓昱、陈必琴、朱文娟、孙志蓉、王文娟、姜笑天、张凤萍、陈爱昌、张海星、罗永慧、秦飞、郭柳、张兴旭、曹世勤、高娜、周海、董世强、靳云西、李宁、李鹏英、王浩亮。

第3部分 初加工及仓储技术规程

1 范围

本文件规定了定西市党参适宜产区党参的产地加工流程和技术要求。本文件适用于定西市党参适宜产区党参的产地初加工和仓储。

2 规范性引用文件

下列文件对于本文件的应用是必不可少的。凡是注日期的引用文件,仅所注日期的版本适用于本文件;凡是不注日期的引用文件,其最新版本(包括所有的修改单)适用于本文件。

GB 3095 环境空气质量标准

SB/T 10977 仓储作业规范

GB/T 191 包装储运图示标志

SB/T 11039 中药材追溯通用标识规范

SB/T 11094 中药材仓储管理规范

SB/T 11095 中药材仓库技术规范

SB/T 11150 中药材气调养护技术规范

《中华人民共和国药典》(一部)

DB62/T 003JSGF 甘肃省中药材产地生产加工地方标准

3 术语与定义

下列术语和定义适用于本文件。

3.1 党参

种植于定西市境内的桔梗科植物党参 *Codonopsis pilosula*(Franch.)Nannf. 的干燥根。

3.2 产地加工

对采收的党参鲜药进行去杂、干燥等初步处理的作业。

3.3 阴凉库

温度在0℃~20℃,相对湿度在35%~75%的仓库。

4 设施设备要求

4.1 设施要求

加工场地应清洁、宽敞,通风良好,具有遮阳防雨设施。加工车间应无积尘、无积水、无污垢。

4.2 设备要求

加工使用的各类机械(揉搓机等)与器具应具有符合国家安全生产的相关检验合格资料。所有加工机械、辅助器械不应与党参药材发生化学反应而改变药材的色泽、气味。

5 技术要求

5.1 除杂

采收的党参在空旷洁净处晾晒,当晾晒到六至七成干后,剔除破损、虫害、腐烂变质的部分。

5.2 清洗

使用符合 GB 5749 要求的水,用 2MPa~6MPa 的高压水枪淋洗党参 10min~20min,控制淋洗时间,操作中防止表皮破损。

5.3 上串揉搓

5.3.1 上串

将清洗好的党参按粗细、长短,一致者,用细麻绳在根头 2cm 处串成 3m~4m 长的串。

5.3.2 晾晒

将串好的党参平摆或悬挂晾晒,注意覆盖,防止晚上受冻。

5.3.3 揉搓

当干燥至党参体发硬时,将党参串卷成圆柱状,采用机械或人工揉搓,摊开晾晒 2d 后再次揉搓,如此反复数次,至约八成干时,将串子拉开,放于干净木板上,排成直行,各捆根头朝外相互叠压。

搓条具体做法:用手握住党参的芦头部,另一只手向下顺搓数次,然后将党参串卷成小捆,待发汗。也有捆成直径 20cm~30cm 的小捆,用麻袋包裹,脚踩揉搓 3 次~4 次,使根部坚实饱满,揉搓不要用力过大,否则会变成"油条",影响品质;也有在木板上用手轻度搓揉 2 遍~3 遍后晾晒或挂于通风处,夜间用篷布盖严顶部,压与党参等重的重物发汗,次日再打开,晾晒,搓揉,夜间再压。

5.3.4 扎把

将搓好的党参用橡皮筋沿党参条变细处扎成直径 8cm~10cm 小把,倒立于干净晒场,晒至含水量 12%~13%。

6 分级

6.1 大中条

一等直径 0.7cm~0.8cm;二等直径 0.6cm~0.7cm。

6.2 小中条

一等直径 0.5cm~0.6cm；二等直径 0.4cm~0.5cm。

6.3 小条

一等直径 0.4cm 以下。

7 贮藏

7.1 阴凉保存

在 0℃~20℃，相对湿度 35%~75%的环境内储藏。仓库应具备 SB/T 11095 所规定的条件。

7.2 低温冷藏

贮藏温度 2℃~8℃，相对湿度 65% ，冷藏仓储管理符合 SB/T 10977、SB/T 11094 和 SB/T 11095 要求。

7.3 气调贮藏

气调贮藏应符合 SB/T 11150 中药材气调养护技术规范。

8 包装及标识

按级称重装箱，箱外应标注产地、等级、采收时间、生产批量、净重等。党参的包装及标识应符合 GB/T 191、GB/T 6543、GB/T 21660 和 SB/T 11039 要求。

9 运输

9.1 运输工具

运输工具应通风、透气，具备一定的防潮、防水措施。

9.2 混合运输

党参与其他药材混合运输时，不应与有毒、有害、易串味药材混合运输。

10 保质期

常温存放，保质期为 2 年。

参考文献

[1] 张春江，陈鹏，王玉兰，等. 甘肃省中药材产地生产加工地方标准——白条党参加工技术规范(DB 62/T003JSGF—2022)，甘肃省药品监督管理局.

[2] 孙志蓉，董生健. 甘肃适宜栽培的 20 种中药材[M]. 长春：吉林大学出版社，2021.

本文件负责起草单位：定西市药品检测检验中心、定西科技创新研究院、定西市农业科学研究院、北京中医药大学、渭源县食品药品检验检测中心、通渭县马营镇人民政府、中国中药有限公司、国药种业有限公司、甘肃中医药大学、甘肃省药品检验研究院陇西分院、甘肃省农科院中药材研究所、甘肃省农科院植物保护研究所、甘肃奇正药材有限公司、甘肃渭水源药业有限公司。

本文件主要起草人：张海星、姜笑天、王文娟、陆占强、高晓昱、高娜、朱文娟、刘莉莉、张夙萍、孙志蓉、祁青燕、尚虎山、杨荣洲、陈爱昌、罗永慧、秦飞、郭柳、曹世勤、靳云西、李宁、李鹏宁、王浩亮。

第4部分　药材质量

1　范围

本文件规定了定西市党参适宜产区党参的质量要求、安全要求及检验方法。本文件适用于定西市党参适宜产区党参的质量控制。

2　规范性引用文件

下列文件中的内容通过文中的规范性引用而构成本文件必不可少的条款。其中,注日期的引用文件,仅该日期对应的版本适用于本文件;不注日期的引用文件,其最新版本(包括所有的修改单项)适用于本文件。

《中华人民共和国药典》(一部、四部)

《药用植物及制剂进出口绿色行业标准》

3　术语和定义

下列术语和定义适用于本文件。

3.1　白条党参

种植于定西市境内的桔梗科植物党参 *Codonopsis pilosula*(Franch.)Nannf. 的干燥根。

4　质量要求

4.1　性状

根呈长圆柱形,稍弯曲,长 10cm~35cm,直径 0.4cm~2cm,表面浅棕黄色至灰黄色,根头部有多数疣状凸起的茎痕及芽;根头下有稀疏的环状横纹,或不明显;质略带韧性,断面稍平坦,有裂隙,皮部淡黄白色,木质部淡黄色,有特殊香气,味微甜。

4.2　鉴别

4.2.1　显微特征

横切面特征:木栓层 8 列~14 列细胞,外侧或有石细胞。栓内层窄,韧皮部宽广,外侧常现裂隙,散有淡黄色乳管群,并常与筛管群交互排列,形成层成环。木质部导管单个散在或数个相聚,呈放射状排列。薄壁细胞含菊糖。

4.2.2　薄层鉴别

符合《中华人民共和国药典》(一部)要求。

4.3 理化指标

4.3.1 水分

不得过16%。符合《中华人民共和国药典》(一部)要求。

4.3.2 总灰分

不得过5.0%。符合《中华人民共和国药典》(一部)要求。

4.3.4 浸出物

按照醇溶性浸出物测定法(通则2201)项下的热浸法测定,用45%乙醇作溶剂,不得少于58.0%。

4.4 安全性指标

4.4.1 二氧化硫残留量

按照二氧化硫残留量测定法(通则2331)测定,不得超过300mg/kg。

4.4.2 农药残留量

参照《中华人民共和国药典》(四部)通则农药残留量测定法及《药用植物及制剂进出口绿色行业标准》相关要求测定。

4.4.3 重金属及有害元素

参照《中华人民共和国药典》(四部)通则铅、镉、砷、汞、铜测定法及《药用植物及制剂进出口绿色行业标准》相关要求测定。

参考文献

[1] 中国药典委员会. 中华人民共和国药典(一部)[S]. 北京:中国医药科技出版社,2020:293,294.

[2] 中国药典委员会. 中华人民共和国药典(四部)[S]. 北京:中国医药科技出版社,2020:114.

[3] 杨平荣,宋平顺,刘柏龙,等. 甘肃省道地药材质量标准——白条党参道地药材质量标准(DB 62/T003ZLBZ—2022),甘肃省药品监督管理局.

本文件负责起草单位:定西市药品检测检验中心、定西科技创新研究院、渭源县食品药品检验检测中心、定西市农业科学研究院、北京中医药大学、中国中药有限公司、国药种业有限公司、甘肃省药品检验研究院陇西分院、甘肃省农科院中药材研究所、甘肃省农科院植物保护研究所、甘肃奇正药材有限公司、甘肃渭水源药业有限公司、甘肃中医药大学。

本文件主要起草人:高晓昱、朱文娟、尚虎山、姜笑天、张海星、刘莉莉、罗永慧、张凤萍、陈爱昌、秦飞、郭柳、孙志蓉、杨荣洲、王文娟、曹世勤、靳云西、李宁、李鹏英、王浩亮、祁青燕、安志刚。

ICS 11.120.99

CCS C23

团　　体　　标　　准

中药材　金银花

2023-08-24 发布　　　　2023-11-01 实施

定西市中药质量检验检测评价联盟 发布

第1部分　种苗繁育技术规程

1　范围

本文件规定了定西市金银花适宜产区金银花种苗的术语和定义、繁育、运输与贮存等方面的技术要求。

本文件适用于定西市金银花适宜产区金银花种苗的繁育。

2　规范性引用文件

下列文件对于本文件的应用是必不可少的。其中,注日期的引用文件,仅该日期对应的版本适用于本文件;不注日期的引用文件,其最新版本(包括所有的修改单)适用于本文件。

GB　3095　环境空气质量标准

GB　15618　土壤环境质量 农用地土壤污染风险管控标准

《农药包装废弃物回收处理管理办法》(中华人民共和国农业农村部 生态环境部令2020年第7号)

DB62/T　2818-2017　中药材种苗　金银花

DB62/T　2838-2017　金银花种苗繁育技术规程

3　术语和定义

下列术语和定义适用于本文件。

3.1　金银花

为忍冬科植物忍冬 *Lonicera japonica* Thunb.的干燥花蕾或带初开的花。

3.2　金银花种苗

为忍冬科植物忍冬 Seedlings of *Lonicerae japonicae Flos* 的枝条选取的插穗扦插长出的苗。

4　产地环境

选择海拔1700m~2200m,年均气温6.5℃以上,年均降水量350mm以上的区域。空气质量符合GB　3095规定,土壤质量符合GB　15618规定。

5 育苗

5.1 品种的选择

应选择抗旱耐寒抗病、直立杆、花蕾期较长的"北花1号"及引进示范筛选的金银花新品种。

5.2 插穗的选取

从生长健壮、无病虫害的植株上选取壮实、略变红褐色的1年~2年生半木质化笔直的枝条做插穗，穗长20cm~25cm，保留4个~5个芽节，去除下部叶片，保留上部2对~3对腋芽，插穗顶端距芽节保留1cm~1.2cm，剪成平口，另一端距芽节1cm~1.2cm，切成45°的斜面。

5.3 插穗的处理

将选好的插穗50枝为1捆扎把，45°斜面端对齐，立于有生根水的塑料盆内浸泡12h后，取出扦插。

5.4 扦插育苗

5.4.1 露地扦插

5.4.1.1 选地

选择地势平缓、土层深厚、疏松肥沃的地块育苗，及时耕翻，细耙整平，捡拾地内杂草等杂物。

5.4.1.2 整地

结合整地施入腐熟有机肥52500kg/hm^2~75000kg/hm^2，氮75kg/hm^2~90kg/hm^2、纯磷60kg/hm^2~75kg/hm^2，耙耱整平。

5.4.1.3 做床

苗床底宽120cm~130cm，面宽100cm~110cm，高15cm~20cm，床间留宽40cm~50cm作业道。

5.4.1.4 时间

3月下旬至4月下旬。

5.4.1.5 方法

插穗按株距4cm~5cm、行距14cm~15cm与地面垂直扦插于苗床，顶端露出地面9cm~11cm。

5.4.1.6 覆盖

扦插后及时覆盖遮阳网，新叶展开后去掉。

5.4.1.7 洒水

土壤含水量≤60%时，均匀洒水使地面湿润。

5.4.2 营养袋扦插

5.4.2.1 营养袋制作

用可降解无纺布做 10cm×13cm 的袋,装满营养基质。

5.4.2.2 扦插时间

7 月下旬至 8 月下旬。

5.4.2.3 扦插方法

插穗插入营养袋内,顶端露出袋口 9cm~11cm;移入日光温室或塑料大棚摆放,畦宽 120cm~150cm,四周用土围严,畦间留 40cm~50cm 作业道,洒水保持湿润。

5.4.2.4 温度要求

日光温室或塑料大棚温度,7 月~10 月保持在 15℃~35℃,11 月~12 月保持在-5℃~15℃,翌年 1 月~4 月保持在-10℃~15℃。

5.4.2.5 露地炼苗

4 月下旬至 5 月上旬, 出圃密植, 出圃前 10d~15d 揭膜炼苗; 选择阴天按株距 10cm~15cm、行距 30cm~35cm ,将套有营养袋的苗露地密植。

6 采挖

生长 3 年的苗在春季土壤解冻后人工或机械采挖。

7 种苗质量

生长年限	苗高(cm)	直径(cm)	枝数(枝)
三年生	≥45	≥2	≥8

8 包装

挖出的苗及时用透气性良好的编织袋或周转箱包装,并附有标签,标明名称、产地、数量、品种、质量、生产单位、生产日期等。

9 运输与贮存

9.1 运输

用冷链物流运输;或有防雨、防晒且通风、保湿措施的车辆运输。

9.2 贮存

不能及时栽植的苗,在保鲜低温库或阴凉、通风、潮湿处存放。

参考文献

[1] 甘敏, 康天兰, 曹志强. 北花 1 号金银花在高海拔寒旱地的表现及其栽培技术[J]. 寒旱农业科学,2022(02)47,50.

[2] 禹娟红,张尚智,高娜. 甘肃部分大宗道地中药材地方标准研制进展[J]. 中兽

医医药杂志,2020(3)43,47.

本文件起草单位:甘肃本草元中药材有限公司、定西科技创新研究院、甘肃农业大学、中国中药有限公司、国药种业有限公司、甘肃省农科院中药材研究所、甘肃省药品检验研究院陇西分院、定西市药品检验检测中心、陇西奇正药材有限公司、甘肃渭水源药业科技有限公司。

本文件主要起草人:魏军团、陈垣、高云峰、姜笑天、张夙萍、杨正宇、陈晓文、魏占斌、王文奎、董亚娟、李鹏英、郑司浩、靳云西、矣健玲、王国祥、魏学冰、罗永慧、秦飞、焦旭生、牛芳、董海龙、张宏伟。

第 2 部分　栽培技术规程

1　范围

本文件规定了定西市金银花适宜产区金银花栽培的术语和定义、产地环境、移栽、田间管理、采收等技术要求。

本文件适用于定西市金银花适宜产区金银花的栽培和管理。

2　规范性引用文件

下列文件对于本文件的应用是必不可少的。凡注日期的引用文件，所注日期的版本适用于本文件。凡是不注日期的引用文件，其最新版本(包括所有的修改单)适用于本文件。

GB　3095　环境空气质量标准

GB　15618　土壤环境质量 农用地土壤污染风险管控标准

《中药材生产质量管理规范》(2022 年第 22 号)

NY/T　1276　农药安全使用规范总则

DB62/T　2821—2017　金银花栽培技术规程

3　术语和定义

下列术语和定义适用于本文件。

3.1　金银花

金银花为忍冬科植物忍冬 *Lonicera japonica* Thunb.的干燥花蕾或带初开的花。

4　产地环境

选择海拔 1700m~2200m，年均气温 6.5℃以上，年均降水量 350mm 以上的区域种植。空气质量符合 GB　3095 规定，土壤质量符合 GB　15618 规定。

5　移栽

5.1　选地

选择地势平缓、土层深厚、疏松肥沃的黄绵土或黑垆土栽植。及时耕翻，细耙整平，捡拾地内杂草等杂物。

5.2 整地

结合整地施入腐熟有机肥 52500kg/hm^2~75000kg/hm^2，纯氮 75kg/hm^2~90kg/hm^2、纯磷 60kg/hm^2~75kg/hm^2、钾 105kg/hm^2~120kg/hm^2，耙耱整平。

5.3 定植

按行距 120cm~150cm、株距 80cm~100cm，挖深 25cm~30cm、直径 25cm~30cm 的土坑，将苗直立放于坑内中心位置，根、茎相接部位与地面持平，覆土填平坑口，浇定根水。

6 田间管理

6.1 除草

及时中耕除草。

6.2 追肥

每年 4 月底至 5 月初，花蕾采摘前 30d~40d，结合中耕除草行间开沟施入腐熟有机肥 37500kg/hm^2~45000kg/hm^2 或生物有机肥 120kg/hm^2~1500kg/hm^2；于金银花生长期可喷施 0.3%磷酸二氢钾等叶面肥 1 次~2 次。

6.3 抹芽

每年 4 月中旬至 5 月下旬及时抹芽，抹芽时预留主杆顶端四个不同方向的枝条各 1 条为主枝，主枝以下的枝条及新芽全部抹掉；7 月下旬至 8 月上旬再抹芽 1 次。

6.4 修剪

6.4.1 时间

冬剪在每年的休眠初期进行，夏剪在每茬花蕾采摘后进行。弱枝强剪，强枝弱剪，剪除病枝、枯枝。

6.4.2 方法

6.4.2.1 1 年~5 年生植株

以冬剪为主。第 1 年根据所需树形，主杆 20cm~25cm 芽节处选健壮的枝条 1 个或 2 个~4 个为主枝，其余枝条修剪掉；第 2 年每个主枝上 4 个~5 个芽节内预留 3 个~4 个或 4 个~6 个枝条为一级骨干枝，其余枝条修剪掉；第 3 年分别在一级骨干枝上 4 个~5 个芽节内预留不同方向 2 个~3 个或 3 个~5 个枝条为二级骨干枝，其余枝条修剪掉；第 4 年分别在二级骨干枝上 4 个~5 个芽节内预留不同方向 2 个~4 个或 4 个~6 个枝条为三级骨干枝，其余枝条修剪掉；第 5 年分别在三级骨干枝上 4 个~5 个芽节内预留不同方向 8 个~9 个或 8 个~10 个枝条为开花母枝，其余枝条修剪掉。

6.4.2.2 6 年~15 年生植株

以夏剪为主，选留健壮的开花母枝，剪除交叉枝、下垂枝、枯弱枝、病虫枝、无效枝。母枝 2 节~5 节以上部分修剪掉，枝间距 8cm~10cm。

6.4.2.3 15 年生以上植株

以冬剪为主,选留主枝上不同角度、不同方向的健壮新生枝条培养新骨干枝和开花母枝,逐步修剪掉旧骨干枝和开花母枝,更新复壮株势。

6.4.2.4 每年生长旺盛植株

以夏剪为主,每茬花采摘后,剪除交叉枝、下垂枝、枯弱枝、病虫枝、无效枝,剪去开花母枝 4 个~5 个芽节以上的部分。

6.5 病虫害防治

6.5.1 白粉病、褐斑病

发病初期,可选用氟硅唑乳油 5000 倍液~7500 倍液或 10%苯醚甲环唑水分散粒剂 600 倍液~800 倍液或 25%吡唑醚菌酯悬浮剂 1000 倍液~1500 倍液喷雾, 间隔 7d~10d 喷施 1 次,连喷 2 次。推广使用植物源农药“世创植丰宁”等生物农药进行防治。

6.5.2 蚜虫

发生于始盛期,可用 40%啶虫脒水分散粒剂 $75g/hm^2$~$150g/hm^2$ 或 0.3%苦参碱水剂 $3750ml/hm^2$~$5625ml/hm^2$ 喷雾 1 次。

7 采收

7.1 时间

每年 5 月~9 月,花蕾由绿色开始变白,即下部绿色、上部白色膨胀将要裂口而尚未开放时采收。

7.2 方法

上午采收品质更佳,做到轻摘、轻拿、轻放,保持花蕾完整、新鲜、匀净,不夹带枝叶。

参考文献

[1] 苏建文,王本辉. 庆阳市黄土高原中药材生态栽培技术模式[J]. 中国农技推广. 2022(5):9,10.

本文件起草单位:甘肃本草元中药材有限公司、定西科技创新研究院、甘肃农业大学、中国中药有限公司、国药种业有限公司、甘肃省农科院中药材研究所、甘肃省药品检验研究院陇西分院、定西市药品检验检测中心、陇西奇正药材有限公司、甘肃渭水源药业科技有限公司。

本文件主要起草人: 魏军团、陈垣、高云峰、杨正宇、姜笑天、张夙萍、陈晓文、魏占斌、王文奎、董亚娟、李鹏英、郑司浩、靳云西、矣健玲、王国祥、魏学冰、罗永慧、秦飞、焦旭生、牛芳、董海龙、张宏伟、董世强、曲宏伟。

第3部分　初加工及仓储技术规程

1　范围

本文件规定了定西市金银花适宜产区金银花初加工及仓储的术语和定义、环境条件、烘干、色选、包装与贮藏等技术要求。

本文件适用于定西市金银花适宜产区金银花的产地初加工和仓储。

2　引用标准

下列文件对于本文件的应用是必不可少的。凡注日期的引用文件，所注日期版本适用于本文件；凡是不注日期的引用文件，其最新版本（包括所有的修改单）适用于本文件。

《中药饮片质量标准通则》（国家中医药管理局）

《中华人民共和国药典》（一部、四部）

SB/T　11094　中药材　仓储管理规范

SB/T　11095　中药材　仓库技术规范

SB/T　11150　中药材　气调养护技术规范

SB/T　11183　中药材　产地加工技术规范

DB62/T　2830　金银花　产地加工储藏技术规程

3　术语和定义

下列术语和定义适用于本文件

3.1　金银花

为忍冬科忍冬属植物忍冬 *Lonicera japonica* Thunb.的干燥花蕾或带初开的花。

4　环境条件

应具备相关设施、设备，可进行产地初加工和仓储的场所。

5　摊晾

及时将采摘的鲜金银花置于防尘、防蝇、干燥且通风处摊晾，厚度以2cm~3cm为宜，摊晾中途未干时不可翻动。

6 烘干

用智能可控烘干机烘干,烘干温度为40℃~60℃,烘干时长15h~24h,含水量不超过12%。

7 冷却

烘干后的金银花进行冷却,冷却的温度为20℃~25℃。

8 色选

烘干并冷却后的金银花应经过色选机色选分级。

9 包装与储藏

9.1 包装

完成产地鲜加工的金银花进行包装。符合GB/T 15267及GB/T 6543规定。

9.2 贮藏

9.2.1 低温贮藏

在0℃~5℃低温气调库储藏。药材应码放于垫板上,与墙壁、地面保持足够距离,防止品质变异现象发生,并定期检查。

9.2.2 气调养护

按SB/T 11150《中药材 气调养护技术规范》执行。

10 建立生产档案

建立完善的生产过程档案。

参考文献

[1] 章丽,及华,李洪涛,等. 金银花初加工技术研究进展[J]. 河北农业科学,2023(04):91,95.

[2] 尚庆文,于盱,梁呈元,等.加工方法对金银花质量的影响[J].中国现代中药2019,21(1):76,81.

本文件起草单位:甘肃本草元中药材有限公司、定西科技创新研究院、甘肃农业大学、中国中药有限公司、国药种业有限公司、甘肃省农科院中药材研究所、甘肃省药品检验研究院陇西分院、定西市药品检验检测中心、陇西奇正药材有限公司、甘肃渭水源药业科技有限公司。

本文件主要起草人:魏军团、陈垣、高云峰、杨正宇、陈晓文、魏占斌、姜笑天、张夙萍、王文奎、董亚娟、李鹏英、郑司浩、靳云西、矣健玲、王国祥、魏学冰、罗永慧、秦飞、焦旭生、牛芳、董海龙、张宏伟。

第4部分　药材质量

1　范围

本文件规定了定西市金银花适宜产区金银花的质量要求、安全要求等。本文件适用于定西市金银花适宜产区金银花的质量控制。

2　规范性引用文件

下列文件对于本文件的应用是必不可少的。凡是注日期的引用文件，所注日期的版本适用于本文件。不注日期的引用文件，其最新版本(包括所有的修改单)适用于本文件。

《中华人民共和国药典》(一部、四部)

《药用植物及制剂进出口绿色行业标准》

3　术语和定义

下列术语和定义适用于本文件。

3.1　金银花

为忍冬科忍冬属植物忍冬 *Lonicera japonica* Thunb. 的干燥花蕾或带初开的花。

4　质量要求

4.1　性状特征

本品呈棒状，上粗下细，略弯曲，长2cm~3cm，上部直径约3mm，下部直径约1.5mm。表面浅绿色、绿白色或黄白色，密被短柔毛。花萼绿色，先端5裂，裂片有毛，长约2mm。开放花冠筒状，先端二唇形；雄蕊5，附于筒壁，黄色；雌蕊1，子房无毛。气清香，味淡、微苦。

4.2　鉴别

显微鉴别和薄层鉴别符合《中华人民共和国药典》(一部)要求。

4.3　理化指标

4.3.1　水分

不得超过12.0%。符合《中华人民共和国药典》(一部)要求。

4.3.2 总灰分

不得超过10.0%。符合《中华人民共和国药典》(一部)要求。

4.3.3 酸不溶性灰分

不得超过3.0%。符合《中华人民共和国药典》(一部)要求。

4.3.4 酚酸类

本品按干燥品计算，含绿原酸（$C_{16}H_{18}O_9$）不得少于1.5%，含酚酸类以绿原酸($C_{16}H_{18}O_9$)、3,5-二-O-咖啡酰奎宁酸($C_{25}H_{24}O_{12}$)和4,5-二-O-咖啡酰奎宁酸($C_{25}H_{24}O_{12}$)的总量计,不得少于3.8%。符合《中华人民共和国药典》(一部)要求。

4.3.5 木犀草苷

本品按干燥品计算,含木犀草苷($C_{21}H_{20}O_{11}$)不得少于0.050%,符合《中华人民共和国药典》(一部)要求。

4.4 安全性指标

4.4.1 农药残留

参照《中华人民共和国药典》(四部)通则农药残留量测定法及《药用植物及制剂进出口绿色行业标准》相关要求测定。

4.4.2 重金属及有害元素

参照《中华人民共和国药典》(四部)通则铅、镉、砷、汞、铜测定法及《药用植物及制剂进出口绿色行业标准》相关要求测定。

参考文献

[1] 马云,王尧尧,张玉,等. 金银花、忍冬藤药材质量标准研究进展[J].辽宁中医药大学学报,2018(08):70,77.

本文件起草单位:甘肃本草元中药材有限公司、定西科技创新研究院、甘肃农业大学、中国中药有限公司、国药种业有限公司、甘肃省农科院中药材研究所、甘肃省药品检验研究院陇西分院、定西市药品检验检测中心、陇西奇正药材有限公司、甘肃渭水源药业科技有限公司。

本文件主要起草人: 魏军团、陈垣、高云峰、杨正宇、姜笑天、陈晓文、魏占斌、王文奎、董亚娟、李鹏英、张凤萍、郑司浩、靳云西、矣健玲、王国祥、魏学冰、罗永慧、秦飞、焦旭生、牛芳、董海龙、张宏伟。

ICS 11.120.99
CCS C23

团　　　　体　　　　标　　　　准

中药材　柴胡

2023-08-24 发布　　　　2023-11-01 实施

定西市中药质量检验检测评价联盟 发布

第1部分　种子繁育技术规程

1　范围

本文件规定了定西市柴胡适宜产区柴胡种子繁育的术语和定义、环境要求、种子选择、田间管理、种子采收及种子的包装、贮存等方面的技术要求。

本文件适用于定西市柴胡适宜产区柴胡种子的繁育。

2　规范性引用文件

下列文件对于本文件的应用是必不可少的。凡是注日期的引用文件，仅所注日期的版本适用于本文件。凡是不注日期的引用文件，其最新版本(包括所有的修改单)适用于本文件。

GB　3095　环境空气质量标准

GB　5084　农田灌溉水质标准

GB　15618　土壤环境质量

GB/T　7415　农作物种子贮藏

DB62/T　2815-2017　中药材种子　柴胡

3　术语和定义

下列术语和定义适用于本文件。

3.1　柴胡种子

为伞形科柴胡属多年生草本植物柴胡 *Bupleurum Chinese DC.Chinese* Thorowax Root，习称北柴胡，二年生植株繁育而成的种子。

4　环境要求

定西市柴胡适宜产区海拔1800m~2200m，年均气温在5.7℃~7.7℃，无霜期122d~160d，年均降雨量350mm以上，适宜土层深厚、疏松、透气性较好的黄绵土种植。空气条件符合国家大气环境质量GB　3095二级以上标准；土壤环境符合国家土壤质量GB　1561二级以上标准；灌溉水条件符合GB　5084标准。

5　种子选择

按照DB62/T　2815—2017执行。

6 选地整地

6.1 选地

选择地势高、土质疏松、土壤肥沃、不积水的平地或缓坡山地作为种子田,忌连茬,轮作周期要求 3 年以上。

6.2 整地施肥

前茬作物收获后及时深翻晒垡,秋季浅耕耙耱。结合整地施入腐熟农家肥 30000kg/hm²~37500kg/hm²,配方肥 750kg/hm²。

7 播种

7.1 播种时间

春播在 3 月中下旬至 4 月中旬;秋播在 9 月下旬至 10 月上旬。

7.2 播种方法

7.2.1 露地单种

按播种量 60kg/hm²~75kg/hm², 将柴胡种子均匀撒在整理好的地面上, 撒播后进行耙耱镇压。

7.2.2 套种

选择与冬小麦套种,冬小麦播种后,再将柴胡种子均匀撒播于大田里,耙耱一次,做到上虚下实,利于出苗。也可于冬小麦出苗后,将柴胡种子直接撒于地表,不耙耱,结合中耕翻入土中即可。播种量 60kg/hm²~75kg/hm²。

7.2.3 地膜穴播

在上一年种植覆膜玉米收获后的地膜上种植,垄面宽 110cm,垄间距 30cm。使用手推式穴播机在垄面种植, 穴距 15cm, 行距 12cm, 每穴播种量在 15 粒~20 粒。播种量 30kg/hm²~45kg/hm²。

8 田间管理

8.1 除草

苗出齐后视杂草情况及时除草。

8.2 根外追肥

开花期用 0.3%磷酸二氢钾溶液、0.2%尿素溶液、氨基酸水溶肥等交替进行叶面喷施。

9 病虫害防治

9.1 根腐病

农业防治:筛选抗病品种,实行合理轮作。

化学防治:种植时用 0.5%·咯菌· 噁霉灵颗粒剂 75kg/hm²,与肥料一同撒施。

9.2 斑枯病

用70%甲基托布津可湿性粉剂600倍液或65%代森锌可湿性粉剂500倍液~600倍液,或5%香芹酚水剂于发病初期进行喷雾,每隔7d~10d喷一次,连喷2次~3次。

9.3 蚜虫、菜青虫

蚜虫:25%吡虫啉可湿性粉剂4000倍液~5000倍液或25%噻虫嗪水分散剂6000倍液叶面喷雾,7d~10d喷1次,连喷2次~3次。

菜青虫:90%敌百虫水剂800倍液叶面喷雾,7d~10d喷1次,连喷2次~3次。

9.4 地下害虫

农业防治:前茬作物收获后深翻晒垡,施用腐熟有机肥。

物理防治:利用黑光灯诱杀成虫。

化学防治:在成虫产卵时期用2.5%鱼藤酮悬浮剂1500ml/hm^2~2250ml/hm^{2}或150亿孢子/g白僵菌悬浮剂3000ml/hm^2~3750ml/hm^{2}等生物农药田间喷雾防治。

10 采收

选择生长健壮、无病虫害、2年生的柴胡植株留种,9月~11月,当果实由青色转褐色时,取上部结籽部分连同枝干收回,通风干燥后,再脱粒晒干,风选出饱满成熟的种子,放在通风、冷凉处贮藏备用。

11 贮藏

按GB/T7415执行,种子有效期不能超过2年。

参考文献

[1] 雷春妮. 北柴胡种子萌发的生物学特性[J]. 商洛学院学报,2008(2):53,55.

[2] 客绍英,张胜珍,王向东,等. 柴胡规范化栽培现状与产业发展分析[J]. 河北农业大学学报,2020(4):21,26.

本文件起草单位:陇西县种子站、定西科技创新研究院、陇西县农业技术推广中心、定西市药品检验检测中心、中国中药有限公司、国药种业有限公司、甘肃数字本草检验中心有限公司、甘肃省农科院中药材研究所、定西市经济作物技术推广站、陇西奇正药材有限责任公司、甘肃省药品检验研究院陇西分院、甘肃岷海制药有限责任公司、甘肃渭水源药业科技有限公司。

本文件主要起草人:管青霞、牛红莉、杨阳、汪洁、李志刚、张文辉、张和平、姜笑天、张夙萍、贾顺禄、赵勇、陈红、高云峰、李鹏英、王浩、靳云西、林晖才、单会忠、曲宏伟、王浩亮、师立伟、蔡子平、罗永慧、魏学冰、张锋、秦飞、管沛潇。

第2部分　栽培技术规程

1　范围

本文件规定了定西市柴胡适宜产区柴胡栽培的术语定义、环境条件、栽培技术、田间管理、病虫害防治、采挖等技术要求。

本文件适用于定西市柴胡适宜产区柴胡的栽培与管理。

2　规范性引用文件

下列文件对本文件的应用是必不可少的。凡是注日期的引用文件,仅注日期的版本适用于本文件。凡是不注日期的引用文件,其最新版本(包括所有的修改单)适用于本文件。

GB　3095　环境空气质量标准

GB　5084　农田灌溉水质标准

GB　15618　土壤环境质量标准

DB　62/T　2815—2017　中药材种子　柴胡

3　术语和定义

下列术语和定义适用于本文件

3.1　柴胡

为伞形科柴胡属多年生草本植物柴胡 *Bupleurum Chinese* DC.,习称北柴胡。

4　环境要求

定西市柴胡适宜产区海拔1800m~2200m，年均气温在5.7℃~7.7℃，无霜期122d~160d,年均降雨量350mm以上,适宜土层深厚、疏松、透气性较好的黄绵土种植。空气条件符合国家大气环境质量GB　3095二级以上标准;土壤环境符合国家土壤质量GB　1561二级以上标准;灌溉水条件符合GB　5084标准。

5　栽培技术

5.1　种子选择

选择陇柴1号、中柴3号等优良品种两年以上的健康植株所结出的种子,种子质量符合 DB62/T 2815。

5.2 选地

选择地势高、土质疏松、土壤肥沃、不易积水的平地或缓坡山地种植。

5.3 整地施肥与土壤处理

播种前深翻土地 20cm~30cm，晒垡 25d~30d。施用腐熟农家肥 30000kg/hm²~37500kg/hm²、配方肥 750kg/hm²。结合施肥，撒施 1%的高氟氯·噻虫胺颗粒剂 45kg/hm² 或 0.5%的咯菌·噁霉灵颗粒剂 75kg/hm² 进行土壤处理。

5.4 播种

5.4.1 播种时间

春播在 3 月中下旬至 4 月中旬；秋播在 9 月下旬~10 月上旬。

5.4.2 播种方法

露地单种：按播种量 60kg/hm²~75kg/hm²，将柴胡种子均匀撒在整理好的地面上，撒播后进行耙耱镇压。

套种：选择与冬小麦套种，冬小麦播种后，将柴胡种子均匀撒播于大田里，耙耱一次，做到上虚下实，利于出苗。也可于冬小麦出苗后，将柴胡种子撒于地表，不耙耱，结合中耕翻入土中即可。播种量 60kg/hm²~75kg/hm²。

地膜穴播：在上一年种植覆膜玉米收获后的地膜上种植，垄面宽 110cm，垄间距 30cm。使用手推式穴播机在垄面种植，穴距 15cm，行距 12cm，每穴播种量在 15 粒~20 粒进行播种。播种量 30kg/hm²~45kg/hm²。

5.5 田间管理

5.5.1 间苗、除草

苗出齐后，结合除草进行间苗，地膜穴播每穴 10 株~12 株，亩保苗 30 万株~40 万株。

5.5.2 放苗

如采用地膜穴播的种植模式，早期生长缓慢，苗小而弱，要及时掏出长在膜下的幼苗，防止地膜捂死幼苗。

5.5.3 追肥

从第二年返青开始，中耕除草后结合降雨追施尿素 75kg/hm²~90kg/hm²，共追施 1 次~2 次，还可叶面喷施 0.3%的磷酸二氢钾溶液，或喷施超敏复合蛋白酶 1500ml/hm²，7d~10d 喷 1 次，连喷 2 次~3 次。

6 病虫害防治

6.1 根腐病

农业防治：筛选抗病品种、合理轮作倒茬。

化学防治：种植时用0.5%咯菌噁霉灵颗粒剂75kg/hm^2，与肥料一同撒施。

生物防治：推广使用植物源农药"世创植丰宁"等生物农药进行防治。

6.2 斑枯病

用70%甲基托布津可湿性粉剂600倍液或65%代森锌可湿性粉剂500倍液~600倍液，或5%香芹酚水剂于发病初期进行喷雾，7d~10d喷一次，连喷2次~3次。

6.3 蚜虫、菜青虫

蚜虫：25%吡虫啉可湿性粉剂4000倍液~5000倍液或25%噻虫嗪水分散剂6000倍液叶面喷雾，7d~10d喷1次，连喷2次~3次。

菜青虫：用90%敌百虫水剂800倍液叶面喷雾，7d~10d喷1次，连喷2次~3次。

6.4 地下害虫

农业防治：前茬作物收获后深翻晒垡，施用腐熟有机肥。

物理防治：利用黑光灯诱杀成虫。

化学防治：在成虫产卵时，用2.5%鱼藤酮悬浮剂1500ml/hm^2~2250ml/hm^{2}或150亿孢子/g白僵菌悬浮剂3000ml/hm^2~3750ml/hm^{2}等生物农药田间喷雾防治。

7 采挖

7.1 采挖时间

春季播种的当年秋季采挖，秋季播种的第二年秋季采挖。

7.2 采挖方法

植株地上部枯黄时，将地上茎叶与根一同采挖，然后剪去茎秆。

参考文献

[1]汪永兰. 柴胡旧膜穴播栽培技术[J]. 甘肃农业科技，2018，511(7):90,92.

[2]梁海春. 临洮县窑店镇旧膜免耕柴胡栽培技术[J]. 甘肃农业科技，2019，523(7):92,94.

[3]潘兴东. 柴胡玉米套种直播栽培技术与推广[J]. 园艺与种苗，2020，40(8):18,19,21.

本文件起草单位：陇西县种子站、定西科技创新研究院、陇西县农业技术推广中心、定西市药品检验检测中心、中国中药有限公司、国药种业有限公司、甘肃数字本草检验中心有限公司、甘肃省农科院中药材研究所、定西市经济作物技术推广站、陇西奇正药材有限责任公司、甘肃省药品检验研究院陇西分院、甘肃岷海制药有限责任公司、甘肃渭水源药业科技有限公司。

本文件主要起草人：管青霞、牛红莉、杨阳、汪洁、李志刚、张文辉、姜笑天、张夙萍、张和平、贾顺禄、赵勇、陈红、高云峰、李鹏英、王浩、靳云西、林晖才、王浩亮、师立伟、蔡子平、罗永慧、魏学冰、张锋、秦飞、管沛潇。

第3部分　初加工及仓储技术规程

1　范围

本文件规定了定西市柴胡适宜产区柴胡产地初加工流程及包装、运输等方面的技术要求。本文件适用于定西市柴胡适宜产区柴胡的产地初加工、贮藏。

2　规范性引用文件

下列文件对于本文件的应用是必不可少的，凡是注日期的引用文件，仅注日期的版本适用于本文件。凡是不注日期的引用文件。其最新版本(包括所有的修改单)适用于本文件。

SB/T　11094　中药材　仓储管理规范

SB/T　10977　中药材　仓储作业规范

SB/T　11095　中药材　仓库技术规范

《中华人民共和国药典》(一部)

3　术语和定义

下列术语和定义适用于本文件。

3.1　柴胡

为伞形科柴胡属多年生植物柴胡 *Bupleurum chinense* DC.的干燥根，习称北柴胡。

3.2　产地初加工

对采挖后的柴胡鲜根进行去头、清洗、干燥。

4　初加工

4.1　去头

将采挖的柴胡剪去顶部全部茎秆。

4.2　清洗

用高压水枪或洗药机淋洗多次，直至柴胡鲜根附着的泥土去除干净。

4.3　干燥

4.3.1　自然干燥

将采收的鲜柴胡，摊放于干净晒场上晾晒，直至晒干。

4.3.2 烘房干燥

将柴胡平铺在烘干架上，每层厚 3cm~5cm，直到烘干为止。

5 质量要求

符合《中华人民共和国药典》（一部）柴胡的规定。

6 标签、包装

6.1 标签

注明药材名称、产地、数量、日期、质量等级、保存日期等内容。标签要醒目、整齐，字迹应清晰、完整、准确。

6.2 包装

将干燥好的柴胡装在透气的包装袋中，打包封口。

7 贮藏

7.1 基本要求

应贮藏于通风干燥的仓库内，注意防潮，相对湿度 65%~75%。参照 SB/T 11094、SB/T 10977 执行。

7.2 仓库类型

宜选择常温库进行贮存。仓库应具备 SB/T 11095 所规定的技术要求。

7.3 贮藏管理

配有除湿装置，并具有防鼠、防虫的措施。不应与其他有毒、有害及易串味的物品混存。保持库房阴凉、干燥、通风、避光，并随时进行温湿度控制。按袋存放在货架上，袋与袋的间距不小于 0.5m，袋与墙的间距不小于 1.0m。定期检查，防止虫蛀、霉变，发现变质药材要及时剔除，并定期倒垛。其他指标符合 SB/T 11094 规定。

参考文献

[1]石典花，张军，苏本正，等. 柴胡产地加工工艺探究[J]. 中成药，2020，42(8):2207，2211.

本文件起草单位：陇西县种子站、定西科技创新研究院、陇西县农业技术推广中心、定西市药品检验检测中心、中国中药有限公司、国药种业有限公司、甘肃数字本草检验中心有限公司、甘肃省农科院中药材研究所、定西市经济作物技术推广站、陇西奇正药材有限责任公司、甘肃省药品检验研究院陇西分院、甘肃岷海制药有限责任公司、甘肃渭水源药业科技有限公司。

本文件主要起草人：管青霞、牛红莉、杨阳、汪洁、李志刚、张文辉、张和平、姜笑天、张夙萍、贾顺禄、赵勇、陈红、高娜、李鹏英、王浩、靳云西、王亚珍、林晖才、王浩亮、周海、师立伟、单会忠、蔡子平、罗永慧、魏学冰、张锋、秦飞、管沛潇。

第4部分　药材质量

1　范围

本文件规定了定西市柴胡适宜产区柴胡的质量要求、安全要求及检验方法等。本文件适用于定西市柴胡适宜产区柴胡的质量控制。

2　规范性引用文件

下列文件对于本文件的应用是必不可少的。凡是注日期的引用文件，仅所注日期的版本适用于本文件。凡是不注日期的引用文件，其最新版本（包括所有的修改单）适用于本文件。

《中华人民共和国药典》（一部、四部）

《药用植物及制剂进出口绿色行业标准》

3　术语和定义

下列术语和定义适用于本文件。

3.1　柴胡 *Bupleeri Radix*

伞形科植物柴胡 *Bupleurum chinense DC.*的干燥根，习称北柴胡。

4　药材质量

4.1　性状

本品呈圆柱形或长圆锥形，长6cm~15cm，直径0.3cm~0.8cm。表面浅棕色或浅黄棕色，具纵皱纹、支根痕及皮孔。质硬而韧，不易折断，断面显纤维性，皮部浅棕色，木质部黄白色。气微香，味微苦。

4.2　鉴别

取本品粉末0.5g，加甲醇20ml，超声处理10min，过滤，作为供试品溶液。另取柴胡对照药材0.5g，同法制成对照药材溶液。再取柴胡皂苷a对照品、柴胡皂苷d对照品，加甲醇制成每1毫升各含0.5mg的混合溶液，作为对照品溶液。照薄层色谱法（通则0502）试验，吸取上述三种溶液各5μl，分别点于同一硅胶G薄层板上，以乙酸乙酯-乙醇-水（8:2:1）为展开剂，展开，取出，晾干，喷以2%对二甲氨基苯甲醛的40%硫酸溶液，在60℃加热至斑点显色清晰，分别置日光和紫外光灯(365nm)下检视。供试品色谱与对照品色谱相应的位置上，显相同颜色的斑点或荧光斑点。

4.3 检查

4.3.1 水分

不得超过10.0%。

4.3.2 总灰分

不得超过8.0%。

4.3.3 酸不溶性灰分

不得超过3.0%。

4.4 浸出物

按照醇溶性浸出物测定法(通则2201)项下的热浸法测定，用乙醇作溶剂，不得少于11.0%。

4.5 含量测定

柴胡皂苷a($C_{42}H_{68}O_{13}$)和柴胡皂苷d($C_{42}H_{68}O_{13}$)的总量不得少于0.30%。

4.6 安全性检查

4.6.1 重金属及有害元素

参照《中华人民共和国药典》(四部)通则铅、镉、砷、汞、铜测定法及《药用植物及制剂进出口绿色行业标准》相关要求测定。

4.6.2 农药残留量

参照《中华人民共和国药典》(四部)通则农药残留量测定法及《药用植物及制剂进出口绿色行业标准》相关要求测定。

4.6.3 二氧化硫残留量

参照《中华人民共和国药典》(四部)通则二氧化硫残留量测定法及《药用植物及制剂进出口绿色行业标准》相关要求测定。

参考文献

[1] 国家药典委员会. 中华人民共和国药典(一部)[S]. 北京：中国医药科技出版社，2020：293.

[2] 曹爱农，范铭，吕铎，等. 不同产地商品柴胡性状及质量评价[J].中药材，2015(8):4.

[3] 赵磊，吴福祥，刘本亮，等. 定西市不同产地栽培北柴胡的质量研究[J].中国中药杂志，2005，30(5):389,391.

[4] 吴福祥，赵磊，陶兰萍，等. 高效液相色谱法测定定西市栽培北柴胡中柴胡皂苷 a 的含量[J]. 中国药房，2007，18(6):2.

本文件起草单位：陇西县种子站、定西科技创新研究院、陇西县农业技术推广中心、定西市药品检验检测中心、中国中药有限公司、国药种业有限公司、甘肃数字本草检验中心有限公司、甘肃省农科院中药材研究所、定西市经济作物技术推广站、陇西奇正药材有限责任公司、甘肃省药品检验研究院陇西分院、甘肃岷海制药有限责任公司、甘肃渭水源药业科技有限公司。

本文件主要起草人：管青霞、牛红莉、杨阳、汪洁、李志刚、姜笑天、张夙萍、张文辉、张和平、贾顺禄、赵勇、陈红、王亚珍、董世强、周海、李鹏英、王浩、靳云西、林晖才、王浩亮、师立伟、蔡子平、罗永慧、魏学冰、张锋、秦飞、管沛潇。

ICS 11.120.99
CCS C23

团　　体　　标　　准

中药材　板蓝根

2023-08-24 发布　　2023-11-01 实施

定西市中药质量检验检测评价联盟 发布

第1部分　种子繁育技术规程

1　范围

本文件规定了定西市板蓝根适宜产区板蓝根种子繁育的术语和定义、生产环境、田间管理、种子采收等技术要求。

本文件适用于定西市板蓝根适宜产区板蓝根的种子繁育。

2　规范性引用文件

下列文件对于本文件的应用是必不可少的。凡是注日期的引用文件，仅注日期的版本适用于本文件。凡是不注日期的引用文件，其最新版本(包括所有的修改单)适用于本文件。

GB　3095　环境空气质量标准

GB　15618　土壤环境质量标准

GB　5084　灌溉水质量标准

GB　7415　主要农作物种子贮藏

GB　7414　主要农作物种子包装

DB62/T　4192　菘蓝种子繁育技术规程

GB/T　8321　病虫害防治标准

3　术语和定义

下列术语和定义适用于本文件。

3.1　板蓝根种子

为十字花科菘蓝 *Lsatis indgotic* Fort.两年生板蓝根的种子。

4　环境要求

空气质量符合GB　3095二级以上标准；土壤质量符合GB　15618二级以上标准；灌溉水质量符合GB　5084二级以上标准。

5　制种技术

5.1　选地整地

选择海拔1900m~2100m、年平均气温6.5℃~7.0℃、降水量在350mm以上、地势平坦的川地或较为平坦的缓坡地,2 年~3 年内未种过板蓝根或其他十字花科作物的地块,不宜在低洼、积水地、重黏土壤种植。春季及时深耕晒垡,清除田间杂草、石块等杂物。播种前结合深耕施入腐熟农家肥 37500kg/hm^2~45000kg/hm^2，中药材配方专用肥 750kg/hm^2。结合整地施肥，施 1%高氟氯·噻虫胺颗粒剂 45kg/hm^2,0.5%嘧菌·噁霉灵颗粒剂 75kg/hm^2 进行土壤处理。

5.2 种子要求

种子质量符合 DB62/T 4192 的要求。

5.3 播种

4 月下旬至 5 月中旬,将种子均匀撒播在整好的地面上,然后耙平磨细,种子入土 1.0cm~2.0cm,种子和土壤紧密结合。播种量 30kg/hm^2~45kg/hm^2。

6 田间管理

6.1 中耕除草

齐苗后进行第一次中耕除草，松土深度 3.0cm~5.0cm，以后每半个月除草一次,保持田间无板结、土壤疏松、无杂草。

6.2 定苗

结合中耕、除草,按株距 4.0cm~5.0cm 定苗,保苗 45 万株/hm^2~49.5 万株/hm^2。

6.3 追肥

生长中后期开始追肥，施尿素 75kg/hm^2~150kg/hm^2，一般为根外追肥；同时喷施 0.3%磷酸二氢钾溶液,共追施 2 次~3 次。

6.4 去杂去劣

去除病株、弱株和杂株。

7 病虫害防治

病虫害防治符合 GB/T 8321(所有部分)的规定。

7.1 病害

7.1.1 霜霉病

用 30%吡唑醚菌酯·精甲霜灵水分散粒剂 2500 倍液~3000 倍液或 65%代森锌可湿性粉剂 600 倍液,隔 7 天喷 1 次,连喷 2 次~3 次。

7.1.2 菌核病

用 50%甲基托布津可湿性粉剂 500 倍液、50%多菌灵可湿性粉剂 1000 倍液，交替喷雾,隔 7d 喷施 1 次，连喷 2 次~3 次。

7.1.3 白粉病

用 40%唑醚·戊唑醇悬浮剂 500 倍液,或 30%肟菌·戊唑醇悬浮剂 500 倍液喷雾,隔

7d 喷施 1 次,连喷 2 次~3 次。

7.2 地下害虫

物理防治:采用粘虫板、太阳能杀虫灯等方法诱杀。

化学防治:蛴螬、蝼蛄用 40%辛硫磷乳油 1000 倍液~1500 倍液,每株 250ml 灌根。

8 种子采收

待角果表面呈紫褐色时采收,晒干脱粒。

9 包装与贮藏

9.1 包装

按照 GB 7414 执行。

9.2 贮藏

按照 GB 7415 执行。

参考文献

[1] 李翊华,张文斌,张荣,等. 河西绿洲板蓝根良种繁育技术[J]. 中国种业,2017(10):73,74.

[2] 杨仁录,申俊忠. 宕昌县板蓝根种子繁育技术要点[J]. 甘肃农业科技,2016(11):96,98.

本文件起草单位:陇西县农业技术推广中心、定西科技创新研究院、陇西县种子站、定西市药品检验检测中心、中国中药有限公司、国药种业有限公司、甘肃省农科院中药材研究所、甘肃省药品检验研究院陇西分院、定西市经济作物技术推广站、甘肃岷海制药有限责任公司、陇西奇正药材有限责任公司、甘肃渭水源药业科技有限公司、甘肃数字本草检验中心有限公司。

本文件主要起草人:李志刚、贯顺禄、潘遐、管青霞、杨阳、张文辉、姜笑天、张夙萍、牛红莉、赵勇、张和平、杨波、单会忠、李鹏英、郑司浩 靳云西、矣健玲、王浩亮、蔡子平、师立伟、罗永慧、魏学冰、秦飞、张锋、管沛潇。

第2部分　栽培技术规程

1　范围

本文件规定了定西市板蓝根适宜产区板蓝根生产环境、栽培技术、田间管理、病虫害防治、采收等技术要求。

本文件适用于定西市板蓝根适宜产区板蓝根的栽培与管理。

2　规范性引用文件

下列文件对于本文件的应用是必不可少的。凡是注日期的引用文件,仅注日期的版本适用于本文件。凡是不注日期的引用文件,其最新版本(包括所有的修改单)适用于本文件。

GB　3095　环境空气质量标准

GB　15618　土壤环境质量标准

GB　5084　农田灌溉水质标准

GB/T　8321　农药合理使用准则

DB62/T　4192　菘蓝种子繁育技术规程

3　术语及定义

下列术语和定义适用于本文件。

3.1　板蓝根

十字花科植物菘蓝 *Lsatis indgotic* Fort 一年生的根。

4　环境要求

环境空气质量符合 GB　3095 二级以上标准要求；土壤质量符合 GB　15618 二级以上标准;农田灌溉水质量符合 GB　5084 二级以上标准要求。

5　栽培技术

5.1　种子质量

选择籽粒饱满、无虫蛀、无霉变、紫红色的新采收种子为佳。播种前用筛精选种子,剔除秕粒、杂草、土块等杂物,晾晒 1d~2d,包衣后待播。种子质量符合 DB62/T　4192 要求。

5.2 选地整地及土壤处理

选择海拔区域1900m~2100m，年平均气温6.5℃~7.0℃，降水量在350mm以上，疏松透气、保水保肥能力强、富含有机质、灌排水便利的，土壤pH5.0~7.5，2年~3年内未种过板蓝根或其他十字花科作物的地块。春季土壤深翻30cm，清理田间杂草、枯枝、石块等杂物。播种前结合深耕施入腐熟农家肥37500kg/hm^2~45000kg/hm^2，中药材配方专用肥750kg/hm^2。结合施肥进行土壤处理，施入1%高氟氯·噻虫胺颗粒剂45kg/hm^{2}或0.5%嘧菌噁霉灵颗粒剂75kg/hm^2。

5.3 播种

5.3.1 播种时间

4月下旬至5月中旬。

5.3.2 播种方法

5.3.2.1 露地撒播

将种子均匀撒播在整好的地面上，然后耙平磨细，种子入土1cm~2cm，种子和土壤充分结合，用种量60kg/hm^2。

5.3.2.2 全膜覆盖穴播

用宽1.2m、厚0.01mm的农用地膜，覆膜时要求垄面平整，两边5.0cm宽的膜面用土压实，每隔2.0m压10.0cm宽的土腰带，膜间距20.0cm。用圆盘式点播机种植，株距13cm，行距20cm，3粒/穴~6粒/穴，然后覆少量土或细沙封口压实，用种量37.5kg/hm^2~45kg/hm^2。

6 田间管理

6.1 间苗定苗

出苗后，4片~5片真叶时剔除弱苗、小苗，保留健壮无病株，保苗75万株/hm^2~90万株/hm^2。

6.2 中耕除草

苗齐后视田间杂草及土壤板结程度，适时中耕除草，提高土壤通透性。

6.3 追肥

生长中后期，根外追施尿素75kg/hm^2~150kg/hm^2，喷施0.3%磷酸二氢钾溶液，每隔7d喷1次，连续喷2次~3次。

7 病虫害防治

病虫害防治符合GB/T 8321的规定(所有部分)。

7.1 病害

7.1.1 霜霉病

用30%吡唑醚菌酯·精甲霜灵水分散粒剂2500倍液~3000倍液，或65%代森锌可湿性粉剂 600 倍液,隔 7 天喷 1 次,连喷 2 次~3 次。推广使用植物源农药"世创植丰宁"等生物农药进行防治。

7.1.2 菌核病

用 50%甲基托布津可湿性粉剂 500 倍液、50%多菌灵可湿性粉剂 1000 倍液，交替喷雾,隔 7 天喷施 1 次,连喷 2 次~3 次。

7.1.3 白粉病

用 40%唑醚·戊唑醇悬浮剂 500 倍液,或 30%肟菌·戊唑醇悬浮剂 500 倍液喷雾,隔 7d 喷施 1 次,连喷 2 次~3 次。

7.2 地下害虫

物理防治:采用粘虫板、太阳能杀虫灯等方法诱杀。

化学防治:蛴螬、蝼蛄用 40%辛硫磷乳油制成 1000 倍液~1500 倍液,每株 250ml 灌根。

8 采收

8.1 采收时间

10 月中下旬,土壤结冻前全部采挖。

8.2 采收方法

割去地上部分,然后进行采挖,防止伤根断根,抖去外表泥土运回、晾晒。

参考文献

[1] 黄亮. 绿色板蓝根高产栽培技术探究[J]. 世界热带农业信息,2023(5):3,4.

[2] 魏长征. 板蓝根标准化栽培技术[J]. 农业科技与信息,2021(20):32,33.

[3] 管青霞. 甘肃省陇西白条党参和板蓝根规范化生产操作规程(SOP)研究与示范[J]. 甘肃省陇西县农业技术推广中心,2011:12,28.

本文件起草单位:陇西县农业技术推广中心、定西科技创新研究院、陇西县种子站、定西市药品检验检测中心、中国中药有限公司、国药种业有限公司、甘肃省农科院中药材研究所、甘肃省药品检验研究院陇西分院、定西市经济作物技术推广站、甘肃岷海制药有限责任公司、陇西奇正药材有限责任公司、甘肃数字本草检验中心有限公司、甘肃渭水源药业科技有限公司。

本文件主要起草人:李志刚、贯顺禄、潘遐、管青霞、杨阳、张文辉、牛红莉、赵勇、张和平、杨波、高云 峰、姜笑天、张夙萍、李鹏英、郑司浩 靳云西、矣健玲、王浩亮、蔡子平、师立伟、罗永慧、魏学冰、秦飞、张锋、管沛潇。

第3部分　初加工及仓储技术规程

1　范围

本文件规定了定西市板蓝根适宜产区板蓝根的初加工及仓储技术要求、工艺流程、包装、标识、贮藏等。

本文件适用于定西市板蓝根适宜产区板蓝根的初加工及仓储。

2　规范性引用文件

下列文件对于本文件的应用是必不可少的。凡是注日期的引用文件,仅所注日期的版本适用于本文件。凡是不注日期的引用文件,其最新版本(包括所有的修改单)适用于本文件。

GB/T　191　包装贮运标准

SB/T　11039　中药材追溯通用标识规范

SB/T　11094　中药材　仓储管理规范

SB/T　11095　中药材　仓库技术规范

SB/T　11150　中药材　气调养护技术规范

DB62/T　2830　金银花产地加工储藏技术规程

3　术语和定义

下列术语和定义适用于本文件。

3.1　板蓝根

十字花科植物菘蓝 *Lsatis indigotica* Fou 的干燥根。

4　要求

4.1　加工场地

4.1.1　符合药品生产质量管理的有关要求。

4.1.2　加工场地应整洁、宽敞、通风良好,具有遮阳、防雨和防鼠、虫及禽畜的设施。

4.2　加工机械和器具。

保持加工机械、器具清洁无污染,并有明显的状态标志。

5 技术要求

5.1 净选

除去板蓝根药材中的泥土、腐根及残留的非药用部分,分为大、中、小三级,此后加工过程中不同分级的板蓝根不能混合。

5.2 干燥

5.2.1 晾晒干燥

将鲜的板蓝根置太阳能干燥房,经15℃以上温度和3d以上时间干燥,随时翻动,取出,放凉。

5.2.2 设备干燥

将鲜的板蓝根置于干燥设备中,设置适宜的烘干温度和时间,随时翻动,烘干后取出。

6 包装

用麻袋包装。包装贮运按GB/T 191执行。

7 标识

应标注药材品名、规格、重量、产地、生产批号、加工日期、贮藏方法及生产企业。按SB/T 11039 要求执行。

8 贮藏

8.1 基本要求

按照SB/T 11094执行。

8.2 贮藏方式

8.2.1 常温库储存

按照SB/T 11095执行。

8.2.2 气调库储存

按照SB/T 11150《中药材 气调养护技术规范》执行。

本文件起草单位:陇西县农业技术推广中心、定西科技创新研究院、陇西县种子站、定西市药品检验检测中心、中国中药有限公司、国药种业有限公司、甘肃省农科院中药材研究所、甘肃省药品检验研究院陇西分院、定西市经济作物技术推广站、甘肃岷海制药有限责任公司、陇西奇正药材有限责任公司、甘肃渭水源药业科技有限公司、甘肃数字本草检验中心有限公司。

本文件主要起草人:李志刚、贾顺禄、潘遐、管青霞、杨阳、张文辉、姜笑天、张凤萍、牛红莉、赵勇、张和平、杨波、高娜、李鹏英、郑司浩 靳云西、矣健玲、王浩亮、蔡子平、师立伟、王亚珍、罗永慧、魏学冰、秦飞、张锋、管沛潇。

第4部分　药材质量

1　范围

本文件规定了定西市板蓝根适宜产区板蓝根的质量要求、安全要求及检验方法。本文件适用于定西市板蓝根适宜产区板蓝根的质量控制。

2　规范性引用文件

《中华人民共和国药典》(一部、四部)

《药用植物及制剂进出口绿色行业标准》

3　术语和定义

下列术语和定义适用于本文件。

3.1　板蓝根

十字花科植物菘蓝 *Lsatis indigotica* Fort.的干燥根。

4　质量要求

4.1　性状

本品呈圆柱形，稍扭曲，长10cm~20cm，直径0.5cm~1cm。表面淡灰黄色或淡棕黄色，有纵皱纹、横长皮孔样凸起及支根痕。根头略膨大，可见暗绿色或暗棕色轮状排列的叶柄残基和密集的疣状凸起。体实，质略软，断面皮部黄白色，木质部黄色。气微，味微甜后苦涩。

4.2　鉴别

显微鉴定和薄层鉴别符合《中华人民共和国药典》(一部)要求。

4.3　理化指标

4.3.1　水分

不得超过15.0%(通则0832第二法)。

4.3.2　总灰分

不得超过9.0%(通则2302)。

4.3.3　酸不溶性灰分

不得超过 2.0%(通则 2302)。

4.4 浸出物

按照醇溶性浸出物测定法(通则 2201)项下的热浸法测定,用 45%乙醇作溶剂,不得少于 30.0%。

4.5 含量测定

含(R,S)-告依春(C_5H_7NOS)不得少于 0.020%。

4.6 安全性指标

4.6.1 重金属及有害元素

参照《中华人民共和国药典》(四部)通则铅、镉、砷、汞、铜测定法及《药用植物及制剂进出口绿色行业标准》相关要求测定。

4.6.2 农药残留量

参照《中华人民共和国药典》(四部)通则农药残留量测定法及《药用植物及制剂进出口绿色行业标准》相关要求测定。

4.6.3 二氧化硫残留量

参照《中华人民共和国药典》(四部)通则二氧化硫残留量测定法及《药用植物及制剂进出口绿色行业标准》相关要求测定。

参考文献

[1] 国家药典委员会. 中华人民共和国药典(一部)[S]. 北京:中国医药科技出版社,2020:214.

[2] 潘遐,刘效瑞,王兴政,等.板蓝根新品系品质考察及板蓝根质量标准改进[J]. 中国现代研究与实践, 2015,29(3):66,69.

本文件起草单位:陇西县农业技术推广中心、定西科技创新研究院、陇西县种子站、定西市药品检验检测中心、中国中药有限公司、国药种业有限公司、甘肃省农科院中药材研究所、甘肃省药品检验研究院陇西分院、定西市经济作物技术推广站、甘肃岷海制药有限责任公司、陇西奇正药材有限责任公司、甘肃渭水源药业科技有限公司、甘肃数字本草检验中心有限公司。

本文件主要起草人:李志刚、贯顺禄、潘遐、管青霞、杨阳、张文辉、牛红莉、张凤萍、赵勇、张和平、杨波、姜笑天、曲宏伟、李鹏英、郑司浩、靳云西、矣健玲、王浩亮、蔡子平、师立伟、罗永慧、魏学冰、秦飞、张峰、管沛潇。

ICS 11.120.99
CCS C23

团　　体　　标　　准

中药材　黄芩

2023-08-24 发布　　2023-11-01 实施

定西市中药质量检验检测评价联盟 发布

第1部分　种子种苗繁育技术规程

1　范围

本文件规定了定西市黄芩适宜产区黄芩种子种苗繁育的术语和定义、环境要求、制种、育苗等方面的技术要求。

本文件适用于定西市黄芩适宜产区黄芩种子种苗的繁育。

2　规范性引用文件

下列文件对于本文件的应用是必不可少的。凡是注日期的引用文件，仅所注日期的版本适用于本文件。凡是不注日期的引用文件，其最新版本(包括所有的修改单)适用于本文件。

GB　3095　环境空气质量标准

GB/T　15618　土壤环境质量 农用地土壤污染风险管控标准

GB/T　7415　农作物种子贮藏

DB62/T　2003　中药材种子　黄芩

DB62/T　2820　中药材种苗　黄芩

GB/T　7415　农作物种子贮藏

3　术语和定义

下列术语和定义适用于本文件。

3.1　黄芩种子 Seeds of *Scutellariae baicalensis*

唇形科黄芩属植物黄芩的成熟小坚果。

3.2　黄芩种苗 Seedlings of *Scutellariae baicalensis*

黄芩种子繁育而成的一年生幼苗。

4　环境要求

4.1　环境空气

环境空气质量符合 GB　3095 二级以上要求。

4.2 土壤条件

选土层深厚、疏松肥沃、排水良好、灌溉便利的黑垆土、麻土和黄麻土种植。土壤条件符合 GB/T 15168 要求。

5 制种技术

5.1 建立制种田

5.1.1 选地

选择海拔 1700m~2500m,年平均气温 6.5℃~7.0℃,土层深厚,土质疏松,3 年内未种植唇形科作物的地块,土壤 pH7.5~8.2。

5.1.2 建立隔离带

黄芩制种田周围一定距离种植其他科属种作物或有一定屏障阻挡其花粉传播,以确保生产种子纯度。

5.1.3 整地施肥

前茬作物收获后及时深翻晒垡,秋季浅耕耙耱收墒。若春季翻地要注意土壤保墒。结合整地施优质农家肥 22500kg/hm^2~30000kg/hm^2,纯氮 103.5kg/hm^2~138kg/hm^2,五氧化二磷 67.5kg/hm^2~84.0kg/hm^2,氧化钾 37.5kg/hm^2~52.5kg/hm^2。

5.2 移栽

5.2.1 种苗选择

选择符合 DB62/T 2820 要求的 1 年生的一级、二级黄芩种苗。

5.2.2 移栽时间

3 月中旬至 4 月下旬。

5.2.3 移栽方法

5.2.3.1 露地移栽

按行距 20cm,沟深 15cm 开沟,将苗按株距 15cm~18cm 斜摆在沟内壁,再按行距重复开沟摆苗,用后排开沟土覆盖前排药苗,苗头覆土厚度 2cm~3cm。

5.2.3.2 地膜露头移栽

地块边缘开一条深 10cm、宽 35cm 的沟,将种苗苗头露出第一条边线 2cm~3cm,按株距 10cm 斜摆沟中,用第二行的开沟土覆在摆好的种苗上,厚度 6cm~8cm(苗头 2cm~3cm 暂不覆土),然后用 30cm 宽的地膜覆盖第一行苗,苗头露出地膜 2cm~3cm,同时取第二行的土盖在苗头上 3cm~4cm,以此类推。

5.2.3.3 开沟平栽空行覆膜

先开一条深 10cm~15cm 的沟,将黄芩种苗沿沟底部顺沟平摆,苗头间距 10cm,然后将种沟填平,用宽 30cm 的黑膜平行覆盖种沟,膜边距种苗与地表的纵向平行线

5cm，同时在膜侧另一边开一沟，摆苗，覆土，覆膜，以此类推。

5.3 去杂

按照黄芩的生物学性状进行去杂。

5.4 采种

5.4.1 采种时间

每年9月中旬至10月上旬分批采种，连续采种2年~3年。

5.4.2 采种方法

当大部分黄芩蒴果开始由绿变黄时，将蒴果带果柄一并剪下，晒干，脱粒，净选。种子应籽粒饱满，无病变、无虫蛀。

5.5 贮藏

种子贮藏符合 GB/T　7415 要求。

6 育苗技术

6.1 选地

选择海拔1800m~2500m、年均温度6.5℃~7.0℃、无霜期120d~160d的区域为宜。要求土层深厚、排水良好、呈中性或微碱性（pH7.5~8.2）壤土或砂壤土为宜。忌连作。

6.2 整地施肥

秋季作物收获后或早春土壤解冻后开始整地，耕深30cm以上。施用腐熟农家肥 $37500kg/hm^2$~$45000kg/hm^2$，施纯氮 $52.5kg/hm^2$~$69kg/hm^2$，五氧化二磷 $42.0kg/hm^2$~$84.0kg/hm^2$，氧化钾 $2.0kg/hm^2$~$3.5kg/hm^2$。

6.3 播种

6.3.1 质量要求

种子质量符合 DB62/T　2003 要求。

6.3.2 播种时间

在春季4月下旬至5月上旬育苗。

6.3.3 播种量

育苗播种量为 $75kg/hm^2$~$90kg/hm^2$。

6.3.4 播种方法

6.3.4.1 覆膜播种法

旱作区采用覆膜播种法，用120cm宽的地膜，平垄，垄面100cm，垄沟20cm，地膜覆好后，在膜面上用点播器等工具打深度约为1cm，直径为6~8cm穴眼，穴距5cm，将种子均匀撒播20粒/穴~25粒/穴，覆少量土盖住种子，再覆少量细沙即可。

6.3.4.2 撒播法

先将种子撒在耙耱平的地表，然后将地表划破，使种子入土2.0cm~3.0cm，再耱平压实。

6.4 田间管理

6.4.1 覆盖保墒

黄芩种子小，有灌溉条件的播后及时浇水，经常保持表土湿润，5d~6d 即可出苗。旱作区需用麦草等作物秸秆、细沙覆盖，以利出苗。幼苗出土后，去掉覆盖的杂草，并轻轻地松动表土，保持地面疏松，下层湿润，利于根向下伸长。

6.4.2 除草定苗

苗出齐后进行第 1 次除草，因苗小根浅，以浅锄为主。待幼苗长到 4cm 左右时，结合间苗浅锄 1 次。当苗高 6cm~7cm 时，按株距 6cm 定苗，并对缺苗的地方进行补苗，补苗时一定要带土移栽，可把过密的苗移来补苗，补栽时间要避开中午，宜在下午 3 时后进行。定苗后有草即锄，有灌溉条件的要在旱时浇水。

6.4.3 根外追肥

7 月上旬根据苗情合理追肥。

6.5 采挖

在翌年 3 月上中上旬土壤解冻后进行采挖，采挖时注意切忌断根伤苗。挖出的种苗及时覆盖或假植，以防失水。

7 贮存

按 GB/T 7415 农作物种子贮藏执行。

参考文献

[1]黄亮. 人工种植黄芩的高产栽培技术与管理[J]. 世界热带农业信息，2023(6):26,27.

[2]林小艳，张双定. 中药材黄芩种苗培育技术规程[J]. 甘肃农业科技，2017(7):88,90.

[3] 赵鑫，葛慧，王盼，等. 中药材种子种苗繁育现状及发展建议[J]. 中国种业，2021(5):28,31.

[4] 尚惠香，周亚男，刘振西，等. 黄芩规范化栽培技术[J]. 现代农业科技，2021(16):101,102,10.

[5] 张增强. 通渭县黄芩无公害栽培技术[J]. 现代农业科技，2019(19):74,75.

本文件起草单位：定西市农业科学研究院、定西科技创新研究院、甘肃岷县当归研究院、定西市经济作物技术推广站、甘肃农业大学、定西市药品检验检测中心、甘肃省农业工程技术研究院、北京中医药大学、甘肃中医药大学、中国中药有限公司、国药种业有限公司、甘肃省农业科学院中药材研究所、甘肃药业集团科技创新研究院有限公司、甘肃数字本草检验检测中心有限公司、甘肃省药品检验研究院陇西分院、甘肃岷海制药有限公司、甘肃渭水源药业科技有限公司、鑫东融农业技术发展有限公司。

本文件主要起草人：王富胜、李丽、刘莉莉、王文娟、陈玉武、张明、单会忠、潘遐、姜笑天、张夙萍、潘晓春、孙志蓉、陈芳、杨荣洲、朱田田、王兴政、汪淑霞、高云峰、王亚萍、陈垣、李鹏英、刘美娟、靳云西、贺清国、王浩亮、邱国玉、王亚珍、王小芳、蔡子平、师立伟、郭增祥、魏学冰、张峰、秦飞。

第2部分　栽培技术规程

1　范围

本文件规定了定西市黄芩适宜产区黄芩栽培的术语定义、产地环境、移栽、田间管理、病虫害防治、采挖等技术要求。

本文件适用于定西市黄芩适宜产区黄芩的栽培和管理。

2　规范性引用文件

下列文件对于本文件的应用是必不可少的。凡是注日期的引用文件,仅所注日期的版本适用于本文件。凡是不注日期的引用文件,其最新版本(包括所有的修改单)适用于本文件。

GB　3095　环境空气质量标准

GB　15168　土壤环境质量标准　农用地土壤污染风险管控标准

GB/T　8321　农药合理使用准则

DB62/T　2820　中药材种苗　黄芩

NY/T　496　肥料合理使用准则　通则

《中药材生产质量管理规范》(2022年第22号)

3　术语和定义

下列术语和定义适用于本文件。

3.1　黄芩

唇形科黄芩属植物黄芩 *Scutellaria baicalensis* Georgi 的干燥根。

3.2　茬口

前茬作物及其迹地的泛称。

4　产地环境

4.1　环境空气

空气质量符合GB　3095二级以上要求。

4.2　土壤条件

土壤环境质量符合GB　15168要求。

5 选地整地

选择土层深厚,地势平坦,土质疏松的黄绵土、黑垆土、黑麻土,土壤 pH7.5~8.2。大田生产可在排水良好的川水地、旱地梯田、坡地种植。前茬作物收获后及时整地,旱地一般耕翻两次，最后一次以秋季为好，耕深 30cm 以上。结合深翻施入农家肥 37500kg/hm^2~45000kg/hm^2,纯氮 180kg/hm^2,五氧化二磷 115kg/hm^2,氧化钾 30.5kg/hm^2,然后耙细整平,春季翻地注意土壤保墒。

6 种苗选择

种苗无病虫感染,无机械损伤,表面光滑,侧根少。种苗质量符合 DB62/T 2820 要求。

7 移栽方法

7.1 露地移栽

按行距 20cm,沟深 15cm 开沟,将苗按株距 13cm~14cm 斜摆在沟内壁,再按行距重复开沟摆苗，用后排开沟土覆盖前排药苗，苗头覆土厚度 2cm~3cm，保苗 34.5 万株/hm^2~37.5 万株/hm^2。

7.2 地膜露头移栽

地块边缘开一条深 10cm、宽 35cm 的沟,将种苗苗头露出第一条边线 2cm~3cm,按株距 10cm 斜摆沟中,用第二行的开沟土覆在摆好的种苗上,厚度 6cm~8cm(苗头 2cm~3cm 暂不覆土),然后用 30cm 宽的地膜覆盖第一行苗,苗头露出地膜 2cm~3cm,同时取第二行的土盖在苗头上 3cm~4cm,以此类推。

7.3 开沟膜侧平栽

先开一条深 10cm~15cm 的沟,将黄芩种苗沿沟底部顺沟平摆,苗头间距 10cm,然后将种沟填平,用黑膜(宽 30cm)平行覆盖种沟,膜边距种苗与地表的纵向平行线 5cm,同时在膜侧另一边开一沟,摆苗,覆土,覆膜,以此类推。

8 田间管理

8.1 中耕除草

苗出齐后即可除草松土。除草次数视草情而定,不少于 2 次。

8.2 根外追肥

6 月~8 月根据田间生长情况合理追肥。

9 病虫害防治

9.1 防治原则

以农业和物理防治为基础,采用生物防治,按照病虫害的发生规律,科学使用化学防治,有效控制病虫危害。防治原则符合 GB/T 8321 要求(所有部分)。

9.2 病虫害防治

9.2.1 白粉病

农业防治:与禾谷类、豆类作物实行 3 年以上轮作,忌连作。

生物防治:使用植物源农药"世创植丰宁"等进行防治。

化学防治:发病初期,喷施 20%三唑酮乳油 1500 倍液、或 75%四氯异苯腈(百菌清)可湿性粉剂 1800g/hm^2、或 12.5%腈菌唑乳油 600mL/hm^2,兑水 750kg~900kg 喷雾防治,每隔 10d~14d 喷 1 次,连续喷 2 次~3 次,距采收期 40d 内禁止用药。

9.2.2 根腐病

农业防治:与禾谷类、豆类作物实行 3 年以上轮作,忌连作。

生物防治:使用植物源农药"世创植丰宁"等进行防治。

化学防治:选用无病健壮种苗,移栽前用 50%辛硫磷乳剂 800 倍液~1000 倍液浸根 15min~20min, 或用 1:1:150 波尔多液浸根 15min~20min 消毒,边浸边晾边移栽。

9.2.3 虫害

物理防治:根据害虫生物学特性,采用粘虫板、太阳能杀虫灯等方法诱杀。

化学防治:蛴螬、蝼蛄用 40%辛硫磷乳油制成 1000 倍液~1500 倍液进行灌根。

10 采挖

10.1 采挖时间

移栽当年或第二年 10 月下旬至 11 月上旬采挖,土壤冻结前全部挖完。

10.2 采挖方法

采用机械或人工采挖均可。采挖前先用专用剪秧机或人工剪去黄芩地上枯萎茎蔓部分,地上部分留茎 2cm~3cm,并将剪掉的黄芩秧苗清出地外,将根部深挖 40cm 以上,将黄芩挖出,尽量保全根,防止伤根断根。对采挖出的黄芩,就地进行简单整理,去净残茎、泥土。同时捡出杂质,避免土壤污染。

参考文献

[1]尚惠香,周亚男,刘振西,等. 黄芩规范化栽培技术[J]. 现代农业科技,2021(16):101,102,106.

[2]焦春艳. 黄芩栽培技术[J]. 特种经济动植物,2021,24(10):46,47.

[3]杜弢. 芩新品种集约育苗与标准化栽培技术研究示范[J].甘肃中医药大学,2018.

[4]万利霞. 濮阳县黄芩无公害栽培技术[J]. 现代农业科技,2018,720(10):83,86.

[5]张娟. 黄芩无公害栽培技术[J]. 甘肃农业,2016(3):43,44.

[6]徐鹏. 中药材黄芩绿色栽培技术[J]. 基层农技推广，2016，4(1):98,99.

[7]郑军明.黄芩栽培技术规程[J]. 陕西医药控股集团山林中药科技有限公司，2015.

本文件起草单位：定西市农业科学研究院、定西科技创新研究院、甘肃岷县当归研究院、定西市经济作物技术推广站、甘肃农业大学、定西市药品检验检测中心、甘肃省农业工程技术研究院、北京中医药大学、甘肃中医药大学、中国中药有限公司、国药种业有限公司、甘肃省农业科学院中药材研究所、甘肃药业集团科技创新研究院有限公司、甘肃数字本草检验检测中心有限公司、甘肃省药品检验研究院陇西分院、甘肃岷海制药有限公司、甘肃渭水源药业科技有限公司。

本文件主要起草人：王富胜、李丽、潘晓春、张明、单会忠、朱田田、姜笑天、张夙萍、刘莉莉、王文娟、陈玉武、潘遐、董世强、孙志蓉、陈芳、杨荣洲、王兴政、汪淑霞、高云峰、李鹏英、刘美娟、靳云西、贺清国、晋小军、王国祥、王浩亮、郭增祥、王亚珍、邱国玉、张政、秦飞、张峰、魏学冰。

第3部分　初加工及仓储技术规程

1　范围

本文件规定了定西市黄芩适宜产区黄芩的产地初加工流程及包装和运输等方面的技术要求。本文件适用于定西市黄芩适宜产区黄芩的产地初加工、贮藏。

2　规范性引用文件

下列文件对于本文件的应用是必不可少的。凡是注日期的引用文件，仅所注日期的版本适用于本文件。凡是不注日期的引用文件，其最新版本(包括所有的修改单)适用于本文件。

GB　3095　环境空气质量标准

GB/T　21660　塑料购物袋的环保、安全和标识通用技术要求

SB/T　11039　中药材追溯通用标识规范

SB/T　l0977　仓储作业规范

GB/T　191　包装　储运图示标志

SB/T　11094　中药材　仓储管理规范

SB/T　11095　中药材　仓库技术规范

SB/T　11150　中药材　气调养护技术规范

3　术语与定义

下列术语和定义适用于本文件。

3.1　黄芩

为唇形科植物黄芩 *Scutellaria baicalensis Georgi* 的干燥根。

3.2　产地加工

对黄芩鲜药材进行去杂、干燥。

4　初加工

4.1　去杂

对黄芩原药材进行初检，剔除砂石、泥土及残茎、根须等。

4.2 干燥

4.2.1 自然晾晒

趁鲜切去芦头，修去须根，晒至半干，堆放 1d~2d，使其回潮，再摊开晾晒，反复晾晒至全干，将根顺捋直。在晾晒之前切勿大量堆放，以防发热霉烂。在晾晒过程中，避免曝晒过度发红，防止水湿雨淋，见水变绿，最后发黑，影响品质。

4.2.2 太阳能烘干

采用太阳能烘干房烘干，注意温度不宜太高（不超过 45℃），防止松泡和皮肉分离。

4.3 分级

根据直径大小和长度分为一级、二级、三级，剪切修整，扎成小捆。

一级：芦下直径 1.5cm 以上，长度 10cm 以上；

二级：芦下直径 1.0cm~1.5cm，长度 8cm~10cm；

三级：芦下直径 0.7cm~1.0cm，长度 5cm~8cm。

5 贮藏

5.1 常温贮藏

贮藏期在半年内的可置于干燥、通风、阴凉条件下贮藏。

5.2 低温贮藏

贮藏期在半年以上的可选择温度-1℃~8℃，相对湿度 65%的条件冷藏，仓储管理应符合 SB/T 10977、SB/T 11094 和 SB/T 11095 要求。

5.3 气调贮藏

贮藏期在半年以上的选择气调养护贮藏。气调贮藏应符合 SB/T 11150 中药材气调养护技术规范要求。

6 包装及标识

按级称重扎成捆，每捆 25kg~40kg，然后装箱封口打包，箱外应标注产地、等级、采收时间、生产批量、净重等。包装及标识应符合 GB/T 191、GB/T 21660 和 SB/T 11039 要求。

7 运输

运输过程中应通风、透气，具备一定的防潮、防水措施。

参考文献

[1] 中国药典委员会.中华人民共和国药典（一部）[M].北京：中国医药科技出版社，2020:314.

[2] 胡恋琪，熊优，王雅琪，等. 黄芩饮片加工工艺标准化的初步研究[J]. 中国中药杂

志,2019,44(15): 3281,3286.

本文件起草单位:定西市农业科学研究院、定西科技创新研究院、甘肃岷县当归研究院、定西市经济作物技术推广站、甘肃农业大学、定西市药品检验检测中心、甘肃省农业工程技术研究院、北京中医药大学、甘肃中医药大学、中国中药有限公司、国药种业有限公司、甘肃省农业科学院中药材研究所、甘肃数字本草检验检测中心有限公司、甘肃省药品检验研究院陇西分院、甘肃岷海制药有限公司、甘肃渭水源药业科技有限公司、定西市国家粮食质量监测站。

本文件主要起草人:王富胜、刘莉莉、付煜峰、李丽、王浩亮、单会忠、孙志蓉、张明、姜笑天、张夙萍、王文娟、陈玉武、潘晓春、潘遐、陈芳、杨荣洲、朱田田、王兴政、汪淑霞、高云峰、王亚珍、李鹏英、刘美娟、靳云西、曲宏伟、贺清国、晋小军、邱国玉、郭增祥、师立伟、王国祥、魏学冰、秦飞、张峰。

第4部分 药材质量

1 范围

本文件规定了定西市黄芩适宜产区黄芩的质量要求、安全要求及检验方法等。本文件适用于定西市黄芩适宜产区黄芩的质量控制。

2 规范性引用文件

下列文件对于本文件的应用是必不可少的。凡是注日期的引用文件,仅所注日期的版本适用于本文件。凡是不注日期的引用文件,其最新版本(包括所有的修改单)适用于本文件。

《中华人民共和国药典》(一部)

《中华人民共和国药典》(四部)

《药用植物及制剂进出口绿色行业标准》

3 术语和定义

下列术语和定义适用于本文件。

3.1 黄芩

为唇形科植物黄芩 *Scutellaria baicalensis* Georgi.的干燥根。

4 质量要求

4.1 性状特征

本品呈圆锥形,扭曲,长5cm~25cm,直径0.7cm~2.0cm。表面棕黄色或深黄色,有稀疏的疣状细根痕,上部较粗糙、扭曲,中下部有分枝。质硬而脆,易折断,断面黄色,老根中心呈枯朽状或中空。气微,味苦。

4.2 鉴别

显微鉴定和薄层鉴别符合《中华人民共和国药典》(一部)要求。

4.3 理化指标

4.3.1 水分

不得超过12.0%,符合《中华人民共和国药典》(一部)要求。

4.3.2 总灰分

不得超过 6.0%,符合《中华人民共和国药典》(一部)要求。

4.3.3 浸出物

不得少于 40.0%,符合《中华人民共和国药典》(一部)要求。

4.3.4 黄芩苷

按干燥品计算,含黄芩苷($C_{21}H_{18}O_{11}$)不得少于 9.0%,符合《中华人民共和国药典》(一部)要求。

4.4 安全性指标

4.4.1 农药残留量

参照《中华人民共和国药典》(四部)通则农药残留量测定法及《药用植物及制剂进出口绿色行业标准》相关要求测定。

4.4.2 重金属及有害元素

参照《中华人民共和国药典》(四部)通则铅、镉、砷、汞、铜测定法及《药用植物及制剂进出口绿色行业标准》相关要求测定。

参考文献

[1] 中国药典委员会. 中华人民共和国药典(一部)[M]. 北京:中国医药科技出版社, 2020:314.

[2] 中药材生产质量管理规范.国家中医药局公告 2022 年第 22 号.

[3] T/CACM 1020. 149 2019 道地药材标准 黄芩.

[4] T/CACM 1021.18 中药材商品规格等级标准 黄芩.

本文件起草单位:定西市农业科学研究院、定西科技创新研究院、甘肃岷县当归研究院、定西市经济作物技术推广站、甘肃农业大学、定西市药品检验检测中心、甘肃省农业工程技术研究院、北京中医药大学、甘肃中医药大学、中国中药有限公司、国药种业有限公司、甘肃省农业科学院中药材研究所、甘肃药业集团科技创新研究院有限公司、甘肃数字本草检验检测中心有限公司、甘肃省药品检验研究院陇西分院、甘肃岷海制药有限公司、甘肃渭水源药业科技有限公司。

本文件主要起草人:王富胜、刘莉莉、李丽、陈玉武、张明、孙志蓉、王文娟、姜笑天、张夙萍、王浩亮、师立伟、潘晓春、潘遐、陈芳、朱田田、王兴政、曲宏伟、李鹏英、刘美娟、靳云西、贺清国、纪润平、王小芳、张 政、晋小军、郭增祥、秦飞、张峰。

ICS 11.120.99
CCS C23

团　体　标　准

中药材　羌活

2023-08-24 发布　　2023-11-01 实施

定西市中药质量检验检测评价联盟 发布

第1部分　种子种苗繁育技术规程

1　范围

本文件规定了定西市羌活适宜产区羌活种子种苗生产的术语和定义、环境要求、种子繁育、育苗等方面的技术要求。

本文件适用于定西市羌活适宜产区羌活的种子种苗繁育。

2　规范性引用文件

下列文件对于本文件的应用是必不可少的，凡是注日期的引用文件，仅所注日期的版本适用于本文件，凡是不注日期的引用文件，其最新版本(包括所有的修改单)适用于本文件。

GB　3095　环境空气质量标准

GB　15618　土壤环境质量标准

GB　7414　主要农作物种子包装

GB　7415　农作物种子贮藏

GB/T　8321　农药合理使用准则

DB62/T　2836　羌活种子繁育技术规程

DB62/T　2837　羌活种苗繁育技术规程

3　术语和定义

下列术语和定义适用于本文件。

3.1　羌活

伞形科宽叶羌活 *Notopterygium franchetii* H. de Boiss.的干燥根茎和根。

3.2　直径

指距离羌活种苗根芦头以下0.5cm处的直径。

4　环境要求

选择海拔1800m~2400m、年均气温6.5℃左右、年均降水量500mm以上、空气质量符合GB　3095二级以上标准、土壤质量符合GB　15618二级以上标准的区域。土壤以黑垆土为宜,选土层深厚、疏松肥沃、无积水、光照充足的地块。

5 制种技术

5.1 留种田的选择

选择地势平坦,光照充足,排水良好,周围环境无污染,人畜不易践踏,植株生长健壮、性状整齐一致，移栽3年,无病虫害的田块作为留种田。

5.2 去杂

按照品种生物学特性进行去杂去劣。

5.3 田间管理

留种的田块翌年返青后,田间管理与大田一样,在苗高15cm~20cm时进行中耕除草,结合中耕进行追肥。

5.4 病虫害防治

5.4.1 白粉病

发病初期用粉锈宁或戊唑醇叶面喷施,7d~10d喷雾1次,交替使用。

5.4.2 地下害虫

地下害虫危害严重的地块,每亩可用40%辛硫磷乳油加油渣拌成毒饵,结合深耕施入土壤。

5.4.3 红蜘蛛

采用丁氟螨酯悬浮剂或阿维菌素叶面喷施,7d~10d喷雾1次,交替使用。同时清除田间枯枝落叶,减少越冬虫源与下年虫口基数。

5.5 种子采收

5.5.1 采收时间

7月下旬至8月上旬果穗由绿变黄,下垂,种子饱满,颜色由浅黄色变为深紫色时,果实成熟,即可采收。

5.5.2 采收方法

采种一般在晴天上午露水干后,采收分期分批进行,根据种子成熟度边熟边采,一般每隔3d采收一次,连续采收2次~3次,切忌整株整片收割。

6 育苗技术

6.1 种子处理

种子采收后,立即脱粒,用10倍的红沙土与种子混匀,沙藏处理70d~90d;每隔10d左右翻动一次,沙土干燥时,结合翻动,边翻边洒清水,保持湿润,直到结块为止。

6.2 整地施肥

7月中旬至9月初，随深翻施入生物有机肥3000kg/hm^{2}或腐熟农家肥22500kg/

hm^2~30000kg/hm^2，过磷酸钙 750kg/hm^2 和尿素 150kg/hm^2 或磷酸二铵 450kg/hm^2，深度 30cm~35cm，随翻、随耙，清除残枝、石块、废旧地膜，耙平耙细。

6.3 播种

6.3.1 时间及播量

在 10 月上旬至下旬，经过处理的种子按照 75kg/hm^2~90kg/hm^2 的播种量进行秋播。

6.3.2 播种方法

6.3.2.1 条播

用锄头开 2cm~4cm 的浅沟，将种子均匀撒入，行距 15cm~20cm，覆土 0.5cm，立即碾压覆盖麦草，保墒遮阴。

6.3.2.2 撒播法

将种子撒在整平的地表后，浅耕 2cm~3cm，再耙耱一遍，然后碾压覆盖麦草，保持地墒。

6.4 田间管理

6.4.1 浇水

随时观察土壤墒情，土壤特别干旱时，采用人工浇水。

6.4.2 除草

5 月中旬，苗出齐后，揭去覆草，手工除草并重新覆草。生长期内至少要锄草 5 次以上。

6.4.3 揭去覆草

6 月中下旬，苗长至 8cm 左右高时，选择多云天气或者阴天揭去覆草。

6.5 采挖

6.5.1 时间

当年秋季播种以后，第二年 10 月底进行采挖，一边采挖，一边移栽。

6.5.2 方法

采挖先从地边开始，贴苗开深沟，然后逐渐向里挖，确保苗体完整。挖出的种苗及时覆盖，以防失水。

6.5.3 捆苗

苗子挖出后，去掉幼苗上的叶片，留下 1cm 长的叶柄，根部适量带土捏成小把(苗土比例约 1:1)，1 个小把(约 150 根苗)捆成一把。挖出的苗打捆，根头朝一个方向扎成重约 500g 的带土小把，每袋 50kg。

6.6 贮藏

选择干燥遮阴场所，按种苗数量单层摆放，覆湿土 3cm~5cm，摆放 6 层~7 层，上面覆土 30cm~40cm，形成龟背，贮藏期间，温度控制在 3℃以下，防止积水。

6.7 包装和标识

按照 GB/T 7414 执行。

6.8 运输

种苗运输过程中注意防雨、防晒、防重压、防发热。

参考文献

[1] 孙志蓉,董生健. 甘肃适宜栽培的 20 种中药材[M]. 长春:吉林大学出版社,2021.

[2] 宋平顺,丁永辉,杨平荣,等. 甘肃道地药材志[M].兰州:甘肃科学技术出版社,2016.

[3]杜弢 .六盘山区中药材生产加工适宜技术[M]. 北京:中国医药科技出版社,2021.

本文件起草单位:甘肃农业大学应用技术学院、定西科技创新研究院、临洮农科教中药材开发有限公司、定西市药品检验检测中心、北京中医药大学、兰州佛慈制药有限公司、定西市经济作物技术推广站、中国中药有限公司、国药种业有限公司、甘肃岷县制药有限责任公司、甘肃渭水源药业科技有限公司。

本文件主要起草人:董生健、李柯、孙志蓉、高云峰、师立伟、石建芳、汪世平、姜笑天、张凤萍、高广林、王浩、靳云西、祁青燕、高娜、崔建军、李鹏英、王亚珍、张峰、秦飞、罗艾株、曲宏伟、牟晓玲、赵金霞、马江红、胡艳。

第 2 部分 栽培技术规程

1 范围

本文件规定了定西市羌活适宜产区羌活栽培的术语定义、产地环境、移栽、田间管理等技术要求。本文件适用于定西市羌活适宜产区羌活的栽培和管理。

2 规范性引用文件

下列文件对于本文件的应用是必不可少的,凡是注日期的引用文件,仅所注日期的版本适用于本文件。凡是不注日期的引用文件,其最新版本(包括所有的修改单)适用于本文件。

GB 3095 环境空气质量标准

GB 15618 土壤环境质量标准

GB/T 8321 农药合理使用准则

GB 4285 农药安全使用准则

NY/T 496 肥料合理使用准则 通则

NY/T 1276 农药安全使用规范 总则

NY/T 393 绿色食品农药使用准则

DB62/T 2822 羌活栽培技术规程

《中药材生产质量管理规范》(2022 年第 22 号)

3 术语和定义

下列术语和定义适用于本标准

3.1 羌活

伞形科宽叶羌活 *Notopterygium franchetii* H. de Boiss.干燥根茎和根。

4 产地环境

选择海拔 1800m~2400m 的高寒阴湿区种植，年均降雨量 500mm 以上，年均气温 6.5℃左右，空气质量符合 GB 3095 二级以上要求，土壤质量符合 GB 15618 二级以上标准。土壤以黑垆土、黑麻土为宜,pH6.5~7.8。

5 种植技术

5.1 整地施肥

5.1.1 选地

前茬以豆科或禾本科作物为宜,忌连作。

5.1.2 整地

拣去杂草、石块,清除多年生杂草根茎、宿根等,施尿素 750kg/hm^2、磷酸二铵 675kg/hm^2、腐熟有机肥 30000kg/hm^2~45000kg/hm^2,翻耕混匀,整细耙平。

5.2 品种选择

优先选择定西市临洮农业学校选育的“陇羌-02”和临洮农科教中药材开发有限公司选育的“羌选- 01”新品系。

5.3 移栽

5.3.1 时间

秋季移栽在 10 月下旬至 11 月下旬进行,利于提高出苗率。

5.3.2 方法

5.3.2.1 露地移栽

按行距 40cm 开沟,沟深 20cm~25cm,将种苗按株距 20cm 摆放在沟壁上,用后排的开沟土覆盖前排种苗, 苗头覆土 3cm~4cm。翌年 5 月出苗后覆盖防草布,10 月以后卷起,可连续使用 5~7 年,可有效减少人工除草次数。

5.3.2.2 黑膜膜间移栽

移栽前选宽 35cm 黑膜,起微垄覆膜,两边压土 5cm 左右,膜间距 1cm。膜覆后进行移栽,将苗移栽于膜间,深 35cm,株距 20cm,密度为 18 万株/hm^2。可采用“黑色地膜+防草布”栽培模式。

5.3.2.3 仿野生直播

仿野生栽培适宜于林下、荒山、荒坡等非用地。将处理的种子于 10 月穴播,每公顷用种子 15kg;每穴播种 5 粒,然后覆草保湿。翌年 4 月中下旬出苗,8 月间苗,保苗 15 万株/hm^2。期间除大草,可追施有机肥,采用生物措施防病灭虫。生长 3 年~4 年即可采挖。

5.4 田间管理

5.4.1 中耕除草

移栽后从第二年开始,每年返青之后中耕松土,其后每月除草一次。

5.4.2 摘蕾

移栽后 2 年~3 年需在抽薹初期及时去掉花蕾,越早越好;留种田除外。

5.5 病虫害防治

农药使用应符合 GB/T 8321 规定,推广应用植物源农药“世创植丰宁”等生物农药。

5.5.1 根腐病

发病初期,可拔除病株。发病中期用 70%甲基托布津可湿性粉剂 800 倍液~1000 倍液灌根,至根系土壤湿润即可。

5.5.2 叶斑病

用吡唑醚菌酯可湿性粉剂或丙环唑 800 倍液~1000 倍液喷雾防治。

5.5.3 红蜘蛛

采用阿维菌素和螺螨酯复合叶面喷雾,7d~10d 喷雾 1 次。同时清除田间枯枝落叶,减少越冬虫源与下年虫口基数。

6 采收

6.1 采收期

移栽后生长 3 年即可采收。每年 11 月进行,等地上部分完全发黄失绿后、土壤冻结前采挖。

6.2 采收方法

选择晴天,将根及根茎挖出,原地晾晒 2d;应用机械采挖,摘除残余茎叶,抖净泥土后运回。

参考文献

[1] 孙志蓉,董生健 .甘肃适宜栽培的 20 种中药材[M].长春:吉林大学出版社,2021.

[2] 宋平顺,丁永辉,杨平荣,等.甘肃道地药材志[M].兰州:甘肃科学技术出版社,2016.

[3] 杜弢 . 六盘山区中药材生产加工适宜技术[M].北京:中国医药科技出版社,2021

本文件起草单位:甘肃农业大学应用技术学院、定西科技创新研究院、临洮农科教中药材开发有限公司、定西市药品检验检测中心、北京中医药大学、兰州佛慈制药有限公司、定西市经济作物技术推广站、中国中药有限公司、国药种业有限公司、甘肃岷县制药有限责任公司、甘肃渭水源药业科技有限公司。

本文件主要起草人:高娜、安淑君、陈必琴、董生健、师立伟、孙志蓉、汪世平、牟晓玲、王浩、靳云西、祁青燕、高云峰、李鹏英、姜笑天、罗艾株、石建芳、张峰、秦飞、裴雪、张夙萍、纪润平、张洁、赵金霞、崔建军。

第 3 部分　初加工及仓储技术规程

1　范围

本文件规定了定西市羌活适宜产区产地初加工流程及仓储技术。本文件适用于定西市羌活适宜产区羌活的产地初加工和仓储。

2　规范性引用文件

下列文件对于本文件的应用是必不可少的。凡是注日期的引用文件，仅所注日期的版本适用于本文件。凡是不注日期的引用文件，其最新版本(包括所有的修改单)适用于本文件。

SB/T　10977　仓储作业规范

SB/T　11094　中药材　仓储管理规范

SB/T　11095　中药材　仓库技术规范

SB/T　11150　中药材　气调养护技术规范

SB/T　11183　中药材　产地加工技术规范

SB/T　11128　中药材　包装技术规范

GB/T　191　包装储运图示标志规范

GB/T　6543　运输包装单瓦楞纸箱和双瓦楞纸箱规范

3　术语与定义

下列术语和定义适用于本文件。

3.1　羌活

为伞形科宽叶羌活 *Notopterygium franchetii* H. de Boiss.的干燥根茎和根。

3.2　产地加工

对采收的鲜药进行去杂、干燥等初步处理的作业。

3.3　常温库

温度控制在≤30℃，相对湿度控制在 35%~75%的仓库。

4 加工场地与设备要求

4.1 加工场地

加工场地应清洁、宽敞,通风良好,具有遮阳防雨设施。车间内应无积尘、积水、污垢。

4.2 加工设备

配备必要的烘干设备。

5 初加工

5.1 净选修整

将新采收的鲜药晾晒至表层泥土发白后,翻打抖去大块泥土,趁鲜清洗除去残余的泥土。剪去残存的茎叶,除去其他杂物。

5.2 分级

按根部直径大小分级:一等:直径≥5cm;二等:直径 3cm~5cm;三等:直径≤3cm。

5.3 干燥

5.3.1 自然风干

将修剪干净的羌活摊薄、摊均匀,放在日光不太强烈的晾晒场或通风阴凉处,夜间堆起盖好。晾晒至八九成干时,理顺根条,按分级要求对药材进行分级,扎成小把,再晾晒至全干。晒至半干后堆起"发汗",时间控制在 3d 以内。

5.3.2 烘干

常用的方法有烘房和烤床烘干两种,根据风机大小确定铺摊薄厚,烘干温度控制在50℃~80℃。

6 包装和标识

6.1 包装

内包装按 SB/T 11128 的相关规定执行，按照不同要求分级包装；外包装规格为15kg/箱~25kg/箱；外包装用瓦楞纸箱,应符合 GB/T 6543 的相关要求。

6.2 标识

包装储运图示标志按 GB/T 191 的规定执行。产品应附标签,标明产品名称、产地、采收日期、初加工日期、批号、等级等内容,并附质量合格标识。

7 仓储

7.1 常温仓储

仓库清洁无异味,通风、干燥、避光;远离有毒、有异味、有污染的物品,配备温湿度监测及调控装置。保持温度不高于 30℃,湿度不高于 65%。并具有防鼠、防虫措施。药材应存放在货架上,与墙壁保持 30cm~40cm 距离,与地面保持 10cm~15cm 距离,并定期检查。发生变质,立即剔除。

7.2 气调仓储

气调养护应符合 SB/T11150《中药材 气调养护技术规范》要求。

8 运输

运输工具应清洁卫生、干燥、无异味，不能与有毒、有污染的物品混装运输；运输途中防雨、防潮、防曝晒。

参考文献

[1] 孙志蓉，董生健.甘肃适宜栽培的20种中药材[M]. 长春：吉林大学出版社，2021.

[2] 宋平顺，丁永辉，杨平荣，等.甘肃道地药材志[M]. 兰州：甘肃科学技术出版社，2016.

[3] 杜弢.六盘山区中药材生产加工适宜技术[M]. 北京：中国医药科技出版社，2021.

本文件起草单位：甘肃农业大学应用技术学院、定西科技创新研究院、临洮农科教中药材开发有限公司、定西市药品检验检测中心、北京中医药大学、兰州佛慈制药有限公司、定西市经济作物技术推广站、中国中药有限公司、国药种业有限公司、甘肃岷县制药有限责任公司、甘肃渭水源药业科技有限公司。

本文件主要起草人：高广林、张洁、董生健、牟晓玲、师立伟、石建芳、孙志蓉、汪世平、张凤萍、王浩、靳云西、高娜、高云峰、姜笑天、祁青燕、马骥、李鹏英、罗艾株、张峰、秦飞、董世强、曲宏伟、崔建军、李柯、胡艳、马江红。

第 4 部分　药材质量

1　范围

本文件规定了定西市羌活适宜产区羌活的质量要求、安全要求及检验方法等。本文件适用于定西市羌活适宜产区羌活的质量控制。

2　规范性引用文件

下列文件对于本文件的应用是必不可少的。凡是注日期的引用文件，仅所注日期的版本适用于本文件。凡是不注日期的引用文件，其最新版本(包括所有的修改单)适用于本文件。

《中华人民共和国药典》(一部、四部)

3　术语和定义

下列术语和定义适用于本文件。

3.1　羌活

伞形科宽叶羌活 *Notopterygium franchetii* H. de Boiss.干燥根茎和根。

4　质量要求

4.1　性状特征

根及根茎呈不规则圆柱状，主根较明显，类圆锥状，其周围着生少数或多数圆柱状不定根，主根中下部具多数细圆柱状侧根，有稀疏的皮孔和纵皱纹。3 年生以上，不分大小。表面呈棕色或浅褐色，表皮脱落处灰白色与灰黄色相间，皮部呈灰白色，偶有褐色，木质部呈灰黄色。体轻质脆，易折断。不平整，皮部有多数裂隙，木质部射线明显。油点呈黄棕色或浅棕色。香气较淡，味微苦而辛。

4.2　鉴别

显微鉴定和薄层鉴别符合《中华人民共和国药典》(一部)要求。

4.3　理化指标

4.3.1　水分

应小于 12.0%。按照《中华人民共和国药典》(一部)要求。

4.3.2 总灰分

总灰分应小于8.0%。按照《中华人民共和国药典》(一部)要求。

4.3.3 浸出物

不得少于15.0%。按照《中华人民共和国药典》(一部)要求。

4.3.4 羌活醇和异欧前胡素

不得少于0.40%。按照《中华人民共和国药典》(一部)要求。

4.3.5 挥发油

不得少于1.40%。按照《中华人民共和国药典》(一部)要求。

4.3.6 农药残留

参照《中华人民共和国药典》(四部)通则农药残留量测定法及《药用植物及制剂进出口绿色行业标准》相关要求测定。

4.3.7 重金属及有害元素

参照《中华人民共和国药典》(四部)通则铅、镉、砷、汞、铜测定法及《药用植物及制剂进出口绿色行业标准》相关要求测定。

参考文献

[1] 孙志蓉,董生健.甘肃适宜栽培的20种中药材[M]. 长春:吉林大学出版社,2021.

[2] 宋平顺,丁永辉,杨平荣,等.甘肃道地药材志[M]. 兰州:甘肃科学技术出版社,2016.

[3] 杜弢.六盘山区中药材生产加工适宜技术[M]. 北京:中国医药科技出版社,2021.

本文件起草单位:甘肃农业大学应用技术学院、定西科技创新研究院、临洮农科教中药材开发有限公司、定西市药品检验检测中心、北京中医药大学、兰州佛慈制药有限公司、定西市经济作物技术推广站、中国中药有限公司、甘肃岷县制药有限责任公司、甘肃渭水源药业科技有限公司、临洮四通药业有限责任公司。

本文件主要起草人:马海林、姜笑天、汪世平、孙志蓉、师立伟、马骥、石建芳、张夙萍、崔建军、董生健、祁青燕、靳云西、王浩、李鹏英、罗艾株、张峰、秦飞、董世强、曲宏伟、邢金龙、汪丽娟、胡艳、马江红。

ICS 11.120.99
CCS C23

团　　　体　　　标　　　准

中药材　大黄

2023-08-24 发布　　　　2023-11-01 实施

定西市中药质量检验检测评价联盟 发布

第1部分　种子种苗繁育技术规程

1　范围

本文件规定了定西市大黄适宜产区大黄种子种苗繁育的术语和定义、环境要求、制种、育苗等方面的技术要求。

本文件适用于定西市大黄适宜产区大黄种子种苗的繁育。

2　规范性引用文件

下列文件对于本文件的应用是必不可少的。凡是注明日期的引用文件，仅所注日期的版本适用于本文件。凡是不注日期的引用文件，其最新版本(包括所有的修改单)适用于本文件。

《中华人民共和国药典》(一部)

GB　3095　环境空气质量标准

GB　15618　土壤环境质量标准

GB/T　8321　农药合理使用准则

DB62/T　2699　中药材种子　掌叶大黄

DB62/T　4253　掌叶大黄种子繁育技术规程

DB62/T　4252　掌叶大黄种苗繁育技术规程

3　术语和定义

下列术语和定义适用于本文件。

3.1　掌叶大黄种子

蓼科大黄属多年生植物掌叶大黄 *Rheum palmatum* L.的成熟种子。

3.2　掌叶大黄种苗

掌叶大黄种子繁育出来的一年生幼苗。

4　生产环境

4.1　环境空气

环境空气质量符合GB　3095二级以上要求。

4.2 土壤条件

土壤质量符合 GB 15618 要求。

5 制种技术

5.1 选地

选择海拔 2400m~2600m，年均气温 5℃~6℃、降水量 500mm 以上，土层深厚、土质疏松，3 年内未种植过大黄，坡度小于 30°且排水良好、周围环境无污染，人畜不易践踏的地块。

5.2 整地

前茬作物收获后及时深翻晒垡，秋季浅耕耙耱。春季 3 月下旬至 4 月上中旬，结合整地施入腐熟农家肥 30000kg/hm²~45000kg/hm² 或商品有机肥 280kg/hm²~320kg/hm²，配施氮磷钾复合肥 40kg/hm²~50kg/hm²。

5.3 移栽

5.3.1 时间

选用符合 DB62/T 4252 标准的一级或者二级种苗，于 4 月上旬至 4 月中旬移栽。

5.3.2 种苗选择

选用符合 DB62/T 4252 要求的一级或二级掌叶大黄种苗。

5.3.3 种苗处理

移栽前，用井冈霉素 20g 或春雷霉素 25g 或含有苏云金杆菌的可湿性粉剂 50g 或寡糖链蛋白 15g 或含有解淀粉芽孢杆菌的微生物菌剂 200ml 等农药溶解于 10kg 清水中，浸苗 20min 后捞出控干水分，晾苗 15min~20min 后备用。

5.3.4 移栽方法

移栽时按株距 60cm、行距 70cm~80cm，视种苗长短开穴，穴深 15cm~20cm，苗头斜放穴内，倾斜 40°~45°，苗头距地面 5cm 左右。用第二穴开穴的土覆盖第一穴种苗，覆土后，在苗头部轻踩镇压土壤，继续覆土，整平苗穴。或用机械开沟，沟深 25cm~30cm，按株行距 40cm×60cm 在沟内平放种苗，后排开沟土覆盖前排种苗，苗头覆土厚度 5cm 以上。

5.4 田间管理

5.4.1 除草

苗出齐后视杂草情况及时除草，每年生育期内除草 3 次~4 次。

5.4.2 追肥

第二年返青期采用氮磷钾复合肥 40kg/hm²~50kg/hm²，在根际穴施追肥，并培土埋肥。

5.3.3 清除弱病株

采种田在抽薹期、开花期割除长势弱、混杂品种及生病植株，生病植株清除根茎，用生石灰等对苗穴消毒。

5.5 采收

5.4.1 时间

每年6月下旬至7月上旬。从移栽后第2年开始采种1年~2年。

5.4.2 方法

大部分种子呈黑褐色、种粒变硬时采收。选择生长均匀、秆粗、分枝多的植株采收种子,一般在上午有露水时用镰刀从植株基部轻轻割断,放在篷布上,边采收边晾晒,晾晒2d~3d,用木棍轻轻敲打茎秆,使种子全部脱粒。脱粒后的种子,摊开晾在篷布上阴干,除去杂质,每袋10kg~15kg装入布袋,贮藏于通风、阴凉、干燥、无烟的室内种子架上。

6 育苗技术

6.1 选地整地

6.1.1 选地

在掌叶大黄适宜产区,选择土层深厚、疏松肥沃、排水便利的地块,前茬以燕麦、青稞、油菜、蚕豆等作物为宜。

6.1.2 整地

前茬作物收获后深耕晒垡,春季4月上旬结合整地施腐熟农家肥30000kg/hm^2~45000kg/hm^2,配施氮磷钾复合肥600kg/hm^2~750kg/hm^2。

6.2 种子处理

用上年采收的符合DB62/T 4253—2020要求的一级、二级种子,在播种前选种浸种,采用井冈霉素20g、或春雷霉素25g、或含有苏云金杆菌的可湿性粉剂50g加入3kg~5kg清水,充分搅拌均匀可处理15kg~20kg种子,将药液均匀喷洒于摊开的种子表面,并翻动,种子混匀后,装布袋闷种消毒30min~40min。

6.3 播种

6.3.1 播种时间

春季4月中下旬至5月上旬育苗。

6.3.2 播种量

播种量120kg/hm^2~150kg/hm^2。

6.3.3 播种方法

6.3.3.1 撒播法

根据地形做畦,畦向同坡向,畦面宽1.2m,高度10cm左右。将处理过的种子在整平的畦面上均匀播种，边播种，边从畦沟取土，并用铁网筛细土覆盖在畦面上，厚度 1cm~1.5cm。

6.3.3.2 条播法

按行距 25cm 左右开沟，沟深 5cm~8cm，将处理后的种子拌 1 倍~2 倍湿润细土，均匀撒在播种沟里，用细土覆盖，覆土厚度 1cm~2cm。

6.4 田间管理

6.4.1 覆盖保墒

播种后，在畦面覆盖透光率 50%的遮阳网或禾本科秸秆，以利保湿保苗。

6.4.2 除草

播种后 20d~25d 出苗，幼苗长出两片真叶时，进行第 1 次除草，后期视杂草生长情况及时除草。

6.4.3 追肥

根据幼苗生长情况，在下雨前撒施尿素 75kg/hm^2~120kg/hm^2。7 月~8 月用 0.3%磷酸二氢钾 40g~50g 兑水 15kg~20kg 叶面喷雾。

6.5 病虫害防治

以农业防治措施为主，合理轮作，优先使用植物源农药“世创植丰宁”等生物农药。防治原则符合 GB/T 8321 要求(所有部分)。

6.5.1 锈病

发病初期用 50%粉锈宁 15g~20g 兑水 15kg~20kg 叶面喷雾防治。

6.5.2 轮纹病

发病初期用 25%嘧菌酯悬浮剂 20ml~30ml、或 30%噻虫嗪悬浮剂 20g 兑水 15kg~20kg 叶面喷雾。

6.5.3 蚜虫

优先采用黄板诱杀，每隔 15d~20d 更换 1 次；于蚜虫发生初期，用 20%氰戊·马拉松乳油 50ml、50%抗蚜威可湿性粉剂 15ml、10%吡虫啉 15ml 任意一种杀虫剂兑水 15kg~20kg 叶面喷雾防治。

6.5.4 蛴螬

在春季翻地时，用绿僵菌 45kg/hm^2~75kg/hm^2 与湿润细土 50kg 拌匀后撒施地表，翻入耕层。用太阳能杀虫灯、黑光灯等诱杀成虫。

6.6 种苗采收

6.6.1 时间

第 2 年 3 月下旬至 4 月上旬。

6.6.2 方法

从地边开沟,逐渐向里挖,挖出的种苗要及时扎把、覆盖叶片等,以防失水。

7 贮存

边采挖边移栽,若不及时移栽,需规范贮存。拣出病苗、烂苗、伤苗。按大、小分级,在阴凉处将种苗按头朝外、尾朝内的方法,一层苗一层湿润细土埋苗,苗堆中间加满湿润细土。一般苗堆高度 30cm~40cm,堆顶部覆盖湿润细土,厚度 10cm 左右。贮苗库注意通风、防鼠害及动物危害,存放 5d~15d 左右,随时检查苗堆,防止发热、霉烂。

参考文献

[1] 薛国菊,何兰,潘宣. 中药大黄的资源与开发利用研究[J].中国野生植物资源,1995,2:1,4.

[2] 李应东,何凯,柴兆祥,等.掌叶大黄规范化种植技术和主要病虫害防治[J]. 世界科学技术——中医药现代化,2005,(2):75,76.

[3]杜弢 . 六盘山区中药材生产加工适宜技术[M].北京:中国医药科技出版社,2020,11.20,34.

[4] 陈秀蓉.甘肃省药用植物真菌病害及其防治[M].兰州: 甘肃科学技术出版社,2011:67,74.

本文件起草单位:甘肃岷县当归研究院、定西科技创新研究院、甘肃省农科院中药材研究所、甘肃中医药大学、定西市农业科学研究院、定西市经济作物技术推广站、定西市药品检测检验中心、定西市农产品质量安全监测检测站、中国中药有限公司、国药种业有限公司、甘肃省药品检验研究院陇西分院、甘肃岷海制药有限责任公司、陇西奇正药材有限责任公司、甘肃渭水源药业科技有限公司。

本文件主要起草人:郭增祥、郎关有、王伟东、李文义、唐想芳、张耀邦、陈必琴、肖楚萍、姜笑天、张凤萍、代乐英、杨浩、包亚军、李蓉蓉、高娜、董世强、王亚珍、杜弢、蔡子平、王富胜、师立伟、李鹏英、王浩、魏学冰、张峰、罗永慧、秦飞。

第2部分　栽培技术规程

1　范围

本文件规定了定西市大黄适宜产区大黄栽培的术语定义、产地环境、移栽、病虫害防治、田间管理、采挖等技术要求。

本文件适用于定西市大黄适宜产区大黄的栽培和管理。

2　规范性引用文件

下列文件对于本文件的应用是必不可少的。凡是注日期的引用文件,仅所注日期的版本适用于本文件。凡是不注日期的引用文件,其最新版本(包括所有的修改单)适用于本文件。

GB　3095　环境空气质量标准

GB　15618　土壤环境质量标准

GB/T　8321　农药合理使用准则

NY/T　496　肥料合理使用准则　通则

NY/T　393　绿色食品农药使用准则

DB62/T　4252—2020　掌叶大黄种苗繁育技术规程

DB62/T　4646—2022　大黄生产技术规程

《中药材生产质量管理规范》(2022年第22号)

3　术语和定义

下列术语和定义适用于本文件。

3.1　掌叶大黄

蓼科大黄属多年生植物掌叶大黄 *Rheum palmatum* L.的干燥根。

3.2　茬口

前茬作物及其迹地的泛称。

4　产地环境

4.1　环境空气

空气质量符合GB　3095二级以上要求。

4.2 土壤条件

土壤质量符合 GB 15618 要求。

5 选地整地

选择海拔 1800m~2600m,年均气温 5℃~7℃,降水量 500mm 以上的区域。要求土层深厚、疏松肥沃、排水良好,以黑垆土、黑钙土和黄绵土为宜。前茬作物收获后及时深翻,3 月下旬至 4 月上中旬,结合整地施腐熟农家肥 30000kg/hm^2~45000kg/hm^2 或商品有机肥 4200kg/hm^2~4800kg/hm^2,配施氮磷钾复合肥 600kg/hm^2~750kg/hm^2。

6 移栽

6.1 种苗选择

选用符合 DB62/T 4252—2020 要求的一级或者二级掌叶大黄种苗。

6.2 种苗处理

用井冈霉素 20g 或春雷霉素 25g 或含有苏云金杆菌的可湿性粉剂 50g 或寡糖链蛋白 15g 或含有解淀粉芽孢杆菌的微生物菌剂 200ml 等农药溶解于 10kg 清水中充分搅匀,浸苗 20min 后捞出控干水分,晾苗 15min~20min 后备用。

6.3 移栽方法

6.3.1 露地沟栽

用机械或人工开沟,沟深 25cm~30cm,按株行距 60cm×50cm 在沟内平放种苗,后排开沟土覆盖前排种苗,苗头覆土厚度 8cm~10cm,保苗 33000 株/hm^2 左右。

6.3.2 地膜覆盖斜栽

于移栽前 5d~7d,选用幅宽 70cm 或者 100cm 的黑色地膜。在整平、施足基肥的地块做畦,畦面宽 50cm 或 80cm,畦间距 40cm,畦高 10cm~15cm,保苗 31500 穴/hm^2~33000 穴/hm^2。

6.3.2.1 畦面宽 50cm 模式

畦面移栽 1 行,按株距 30cm~40cm 在膜面开穴,穴口宽 20cm~30cm,穴深 15cm~20cm,将苗头朝上,尾部朝下倾斜 40°~45°斜放在苗穴内,每穴大苗栽一株,小苗栽两株,苗头间距 20cm~25cm,用开下一穴的土覆盖前一穴种苗,在苗头正前方镇压,保持苗头距膜面高度 4cm~5cm,再次覆土,封严膜口,使覆土高出膜面 5cm~8cm。

6.3.2.2 畦面宽 80 cm 模式

畦面栽 2 行,移栽时按株距 50cm~60cm 呈品字形在膜面上开穴,移栽方法同上。

6.4 田间管理

6.4.1 中耕除草

大黄移栽后 20d~25d 出苗, 于 5 月中旬长出 2 片~3 片真叶时进行第一次中耕锄草，以后视田间杂草生长情况及时除草。

6.4.2 追肥培土

6.4.2.1 第一年追肥

露地栽培的大黄，第一年结合第二次中耕除草，在距离根部5cm外施氮磷钾复合肥，施用量150kg/hm²~225kg/hm²。追肥后，在根际培土。地膜覆盖栽培的大黄，用窄铁铲在两株大苗中间位置开穴，施入氮磷钾复合肥，穴深5cm~8cm，边施肥，边用细土覆盖穴口。

6.4.2.2 第二年追肥

第2年4月上中旬开始返青。露地栽培田块在根际周围开沟追肥，地膜覆盖栽培的田块，在上年追肥部位覆土追肥，方法同上年。追施氮磷钾复合肥300kg/hm²~450kg/hm²，有条件可追施腐熟优质农家肥15000kg/hm²~22500kg/hm²(1亩约667m²)或商品有机肥4500kg/hm²~6000kg/hm²，追肥后培土覆盖。

6.4.3 割薹

第1年栽培的大黄在6月~7月份部分植株开始抽薹时，从茎基部割去薹秆，并用土覆盖伤口，防止腐烂。第2年4月上中旬大黄返青后全部抽薹，除种子田外，在薹高20cm~25cm时，从茎基部割去薹秆，用干土覆盖伤口并培土，防止切口灌入雨水腐烂。15d~20d后，苗头部长出多个侧芽，留下一个较大的芽，抹除其余侧芽。

7 病虫鼠害防治

7.1 防治原则

防治原则符合GB/T 8321要求(所有部分)。优先使用植物源农药“世创植丰宁”等生物农药。

7.2 病害防治

7.2.1 根腐病

深翻改良土壤，科学轮作倒茬。用生物农药处理土壤，种苗用生物农药浸苗处理。可用2亿个孢子/g的淡紫拟青霉粉剂22kg/hm²~30kg/hm²与湿润细土750kg拌匀后穴施，或用5亿活孢子/g的淡紫拟青霉颗粒剂45kg/hm²~75kg/hm²，用湿润细土750kg拌匀后撒施地表，结合翻地施入耕层。发病初期，可采用有效活菌数≥1000亿/g的枯草芽孢杆菌可湿性粉剂30g~40g或者有效活菌数≥3亿/g~5亿/g的哈茨木霉菌可湿性粉剂50g兑水15kg~20kg进行叶面喷雾防治。每7d~10d使用一次，连用2次~3次。

7.2.2 叶黑粉病

发病初期用25%嘧菌酯悬浮剂20ml~30ml、或30%噻虫嗪悬浮剂20g兑水15~20kg

叶面喷雾,每隔 7d 喷雾 1 次,以 2 次~3 次为宜。冬季清除田间残枝落叶烧毁,增施磷钾肥,利于减轻病害。

7.2.3 轮纹病

用 3%甲霜·噁霉灵 30ml、或 30%噻虫嗪悬浮剂 20g 兑水 15kg~20kg 叶面喷雾,冬季清除田间残枝落叶,烧毁。

7.2.4 炭疽病

发病初期，用 30%噻虫嗪悬浮剂 20g 和香芹酚 50ml 或代森锌 20g 兑水 15kg~20kg 叶面喷雾防治。

7.3 虫害防治

7.3.1 酸模叶虫、蚜虫、跳甲

用 20%氰戊·马拉松乳油 50ml、30%噻虫嗪悬浮剂 30ml、50%抗蚜威 15ml~20ml 任意一种杀虫剂兑水 15kg~20kg,交替叶面喷雾防治。一般跳甲在返青期、苗期发生较多,蚜虫在 6 月~8 月高温高湿期容易发生。也可在田间悬挂黄板或用太阳能杀虫灯诱杀。

7.3.2 金针虫

以生物农药土壤处理为主要预防措施，用绿僵菌 45kg/hm^2~75kg/hm^2 与湿润细土 750kg 拌匀后撒施地表,翻入耕层。

7.4 鼠害防治

田间危害大黄药材的主要为中华鼢鼠,可用弓箭射杀法或用老鼠夹捕杀。

8 采挖

8.1 采挖时间

移栽生长两年后采挖,于 10 月下旬至 11 月上旬土壤封冻前采挖。

8.2 采挖方法

采收时割去地上残留茎叶,揭去地膜,用铁叉或者专用挖药机采挖,保证根条完整,放置田间晾晒后，抖去泥土,运送至初加工车间。

参考文献

[1] 李应东,何凯,柴兆祥,等. 掌叶大黄规范化种植技术和主要病虫害防治[J]. 世界科学技术——中医药现代化,2005,(2):75,76.

[2] 国家药典委员会. 中华人民共和国药典.一部[S]. 北京:中国医药科技出版社,2020,5:24,25.

[3]杜弢. 六盘山区中药材生产加工适宜技术[M]. 北京:中国医药科技出版社,2020,11:20,34.

[4] 陈秀蓉. 甘肃省药用植物真菌病害及其防治 [M]. 兰州: 甘肃科学技术出版社, 2011: 67,74.

本文件起草单位：甘肃岷县当归研究院、定西科技创新研究院、甘肃省农科院中药材研究所、甘肃中医药大学、定西市农业科学研究院、定西市经济作物技术推广站、定西市药品检测检验中心、定西市农产品质量安全监测检测站、中国中药有限公司、国药种业有限公司、甘肃省药品检验研究院陇西分院、甘肃岷海制药有限责任公司、陇西奇正药材有限责任公司、甘肃渭水源药业科技有限公司。

本文件主要起草人：郭增祥、唐想芳、王伟东、郎关有、李文义、张耀邦、姜笑天、肖楚萍、代乐英、包亚军、杨浩、陈必琴、李蓉蓉、高云峰、杜弢、蔡子平、王富胜、师立伟、李鹏英、张夙萍、董世强、王浩、魏学冰、张峰、罗永慧、秦飞。

第3部分　初加工及仓储技术规程

1　范围

本文件规定了定西市大黄适宜产区大黄的产地初加工流程和仓储等技术要求。本文件适用于定西市大黄适宜产区大黄的产地初加工和仓储。

2　规范性引用文件

下列文件对于本文件的应用是必不可少的。凡是注日期的引用文件,仅所注日期的版本适用于本文件。凡是不注日期的引用文件,其最新版本(包括所有的修改单)适用于本文件。

GB　3095　环境空气质量标准

GB/T　11183　中药材　产地加工技术规范

GB/T　11182　中药材　包装技术规范

GB/T　191　包装　储运图示标志

GB/T　21660　塑料购物袋的环保、安全和标识通用技术要求

SB/T　11039　中药材　追溯通用标识规范

SB/T　11094　中药材　仓储管理规范

SB/T　11095　中药材　仓库技术规范

SB/T　11150　中药材　气调养护技术规范

3　术语和定义

下列术语和定义适用于本文件。

3.1　掌叶大黄

蓼科大黄属多年生植物掌叶大黄 *Rheum palmatum* L.的干燥根。

3.2　产地加工

对采挖的大黄鲜药进行去杂、干燥、趁鲜切制等作业的方法。

4　场地设施和机械要求

4.1　场地和车间要求

加工场地应清洁、干燥、宽敞,通风良好,具有遮阳防雨设施。车间应无积尘、无积水、无污垢。

4.2 加工机械要求

加工使用的各类机械与器具应具有符合国家安全生产的相关检验合格资料。所有加工机械、辅助器械不应与大黄药材发生化学反应而改变药材的色泽、气味,影响药材质量。

5 产地初加工

5.1 削去粗皮,切除侧根

将采挖的鲜大黄在晴天、气温较高时,抖净泥土,削去头部残茎,用木制刀具刮去主根外皮,切除侧根,另行干燥加工。

5.2 切块切段

将刮去外皮的大黄主根用刀具切成 8cm~15cm 厚的段或块,切开的大黄段或块晾晒在清洁的木板或者竹胶板上,将切口面向太阳,晒至切口水汽干后,翻转晾晒另一个切面。

5.3 干燥

经过晾晒的大黄块、段放置在太阳能烘干房晾晒架或者穿串悬挂,慢慢晾干至含水量 15%以下。

6 贮藏

6.1 基本要求

应贮藏于阴凉、通风干燥处,注意防潮、防霉、防蛀。

6.2 常温贮藏

贮藏时应分批次、分等级堆放。不应与其他有毒、有害及易串味物品混存。堆码整齐,层数不宜过多,便于通风,控制适宜的温度、湿度。仓储作业和仓储节能应符合 SB/T 10977 和 SB/T 11091 的要求。

6.3 气调贮藏

贮藏期限半年以上的大黄块、段,可采用气调养护贮藏。气调贮藏应符合 SB/T 11150《中药材 气调养护技术规范》要求。

7 包装及标识

大黄药材分批分类,按级称重装袋,每袋 25kg,然后封口打包,包装外应标注产地、等级、采收时间、生产批量、净重等。大黄药材的包装及标识应符合 GB/T 191、GB/T 6543、GB/T 21660 和 SB/T 11039—2013 要求。

8 运输

8.1 运输工具

运输工具应清洁、通风、透气,具备一定的防潮、防水措施。

8.2 混合运输

大黄块、段与其他药材混合运输时，不应与其他有毒、有害、易串味药材混合运输。

参考文献

[1] 国家药典委员会．中华人民共和国药典．一部 [S]. 北京:中国医药科技出版社，2020,5:24,25.

[2] 杜弢．六盘山区中药材生产加工适宜技术 [M]．北京: 中国医药科技出版社，2020,11:20,34.

本文件起草单位：甘肃岷县当归研究院、定西科技创新研究院、甘肃省农科院中药材研究所、甘肃中医药大学、定西市农业科学研究院、定西市经济作物技术推广站、定西市药品检测检验中心、定西市农产品质量安全监测检测站、中国中药有限公司、国药种业有限公司、甘肃省药品检验研究院陇西分院、甘肃岷海制药有限责任公司、陇西奇正药材有限责任公司、甘肃渭水源药业科技有限公司。

本文件主要起草人：唐想芳、肖楚萍、代乐英、杨浩、王伟东、郎关有、李文义、张耀邦、陈必琴、李蓉蓉、郭增祥、姜笑天、高云峰、杜弢、蔡子平、王富胜、师立伟、李鹏英、王浩、张夙萍、魏学冰、张峰、罗永慧、秦飞。

第4部分 药材质量

1 范围

本文件规定了定西市大黄适宜产区大黄药材的质量要求、安全要求及检验方法等。本文件适用于定西市大黄适宜产区大黄的质量控制。

2 规范性引用文件

下列文件对于本文件的应用是必不可少的。凡是注日期的引用文件,仅所注日期的版本适用于本文件。凡是不注日期的引用文件,其最新版本(包括所有的修改单)适用于本文件。

《中华人民共和国药典》(一部,四部)

《药用植物及制剂进出口绿色行业标准》

3 术语和定义

下列术语和定义适用于本文件。

3.1 大黄

指选用掌叶大黄 *Rheum palmatum* L.优质种苗,在规定的产地环境条件下,按特定的生产操作规程生产,其质量特征和安全指标符合本文件要求的药材产品。

4 质量要求

4.1 性状特征

本品呈类圆柱形、圆锥形、卵圆形或不规则块状,长3cm~17cm,直径3cm~10cm。除尽外皮者表面黄棕色至红棕色,有的可见类白色网状纹理及星点(异型维管束)散开,残留的外皮棕褐色,多具绳孔及粗皱纹。质坚实,有的中心稍松软,断面淡红棕色或黄棕色,显颗粒性;根茎髓部宽广,有星点环列或散开;根木质部发达,具放射状纹理,形成层环明显,无星点。气清香,味苦而微涩,嚼之黏牙,有沙粒感。

4.2 鉴别

显微鉴别和薄层鉴别符合《中华人民共和国药典》(一部)要求。

4.3 理化指标

4.3.1 水分

不得超过15.0%。符合《中华人民共和国药典》(一部)要求。

4.3.2 总灰分

不得超过10.0%。符合《中华人民共和国药典》(一部)要求。

4.3.3 浸出物

不得少于25.0%。符合《中华人民共和国药典》(一部)要求。

4.3.4 总蒽醌

总蒽醌含量不得少于1.5%。符合《中华人民共和国药典》(一部)要求。

4.3.5 游离蒽醌总量

不得少于0.20%。符合《中华人民共和国药典》(一部)要求。

4.4 安全性指标

4.4.1 农药残留

参照《中华人民共和国药典》(四部)通则农药残留量测定法及《药用植物及制剂进出口绿色行业标准》相关要求测定。

4.4.2 重金属及有害元素

参照《中华人民共和国药典》(四部)通则铅、镉、砷、汞、铜测定法及《药用植物及制剂进出口绿色行业标准》相关要求测定。

参考文献

[1] 国家药典委员会. 中华人民共和国药典.一部[S]. 北京:中国医药科技出版社,2020.

[2] 杜弢. 六盘山区中药材生产加工适宜技术[M]. 北京:中国医药科技出版社,2020.

本文件起草单位:甘肃岷县当归研究院、定西科技创新研究院、甘肃省农科院中药材研究所、甘肃中医药大学、定西市农业科学研究院、定西市经济作物技术推广站、定西市药品检测检验中心、定西市农产品质量安全监测检测站、中国中药有限公司、国药种业有限公司、甘肃省药品检验研究院陇西分院、甘肃岷海制药有限责任公司、陇西奇正药材有限责任公司、甘肃渭水源药业科技有限公司。

本文件主要起草人:王伟东、陈必琴、张耀邦、李蓉蓉、郎关有、唐想芳、肖楚萍、张夙萍、代乐英、包亚军、杨浩、郭增祥、李文义、高娜、姜笑天、杜弢、蔡子平、王富胜、师立伟、李鹏英、王浩、魏学冰、张峰、罗永慧、秦飞。

ICS 11.120.99
CCS C23

团　　体　　标　　准

中药材　防风

2023-08-24 发布　　2023-11-01 实施

定西市中药质量检验检测评价联盟 发布

第1部分　种子种苗繁育技术规程

1　范围

本文件规定了定西市防风适宜产区防风种子种苗繁育的术语和定义、环境要求、制种及育苗等技术要求。

本文件适用于定西市防风适宜产区防风的种子种苗繁育。

2　规范性引用文件

下列文件对于本文件的应用是必不可少的。凡是注日期的引用文件，仅所注日期的版本适用于本文件。凡是不注日期的引用文件，其最新版本(包括所有的修改单)适用于本文件。

GB　3095　环境空气质量标准

GB　5084　农田灌溉水质标准

GB　15618　土壤环境质量 农用地土壤污染风险管控标准

GB/T　7415　农作物种子贮藏

NY/T　525　有机肥料

NY　884　生物有机肥

NY/T　393　绿色食品　农药使用准则

3　术语和定义

下列术语和定义适用于本文件。

3.1　防风种子

伞形科防风属防风 *Saposhnikovia divaricata* (Turcz.) Schischk.的成熟果实。

3.2　防风种苗

防风种子播种繁育的一年生幼苗。

4　环境要求

选择海拔1800m~2600m、无霜期90d~150d、年均降水量350mm以上的区域布局。空气质量符合GB　3095二级以上标准，土壤质量符合GB　15618二级以上标准，灌溉水符合GB　5084二级以上标准。

5 制种技术

5.1 选地整地

5.1.1 选地

选择黄绵土、黑垆土等土壤类型,3年内未栽植伞形科作物、土质疏松、排水良好的地块。

5.1.2 整地

前茬作物收获后及时耕翻土地,有灌溉条件的地块灌冬水或浇早春水,地块逐渐解冻后视土壤墒情及时整地旋耕,结合整地施腐熟农家肥 37500kg/hm^2~45000kg/hm^2,或符合 NY/T 525 的有机肥 2400kg/hm^2~4500kg/hm^2,或 NY 884 标准的生物有机肥 2400kg/hm^2~4500kg/hm^2,配施纯氮 30kg/hm^2~75kg/hm^2,五氧化二磷 60kg/hm^2~120kg/hm^2,氧化钾 30kg/hm^2~45kg/hm^2,精细耙耱。

5.2 移栽

5.2.1 种苗选择

选择1年生以上、长25cm以上无腐烂、发霉、病虫侵害的种苗。

5.2.2 移栽时间

于3月中旬至4月中旬春季土壤解冻后及时栽植。

5.2.3 移栽方式

5.2.3.1 露地移栽

开深35cm的沟,行距30cm,然后将种苗按株距15cm~20cm斜摆于沟壁上(种苗与沟底成30°~45°),等行距开第二行沟,用开沟土覆盖前行种苗,苗头覆土厚度2cm~3cm。要求边开沟、边摆苗、边覆土、边耙耱。

5.2.3.2 地膜露头移栽

在地块的第一行开一条6cm~10cm深、35cm~40cm宽的沟,将种苗按15cm~20cm株距放入沟中,用铲开下一行沟的土,覆入第一行放好苗的沟中,使苗头露出地面2cm~3cm,然后用35cm~40cm宽的地膜对覆土完成的行进行覆膜,使苗头露出地膜边缘2cm~3cm。放第二行种苗时,使苗头搭在前一行覆好地膜边缘2cm~4cm的部位。用土盖地膜边缘时,正好将露出膜面的苗头覆盖。

5.3 田间管理

5.3.1 除草

苗出齐后视杂草情况及时除草。

5.3.2 去杂

在出苗后拔除田间杂株、病弱株。

5.3.3 追肥

水地结合灌水追肥,旱地结合降雨进行。6月中下旬至7月中下旬,根据苗情结合降雨或灌水追施尿素 60kg/hm^2~90kg/hm^2,1次;7月下旬至8月上旬,用0.3%磷酸二氢钾 1000 倍液~1500 倍液或氨基酸水溶肥 3.75L/hm^2 兑水 450kg 叶面喷施。喷施选择在上午 10 点前或下午 3 点后，连续喷施 2 次~3 次，间隔 10d~15d。

5.3.4 灌水

有灌溉条件的，根据土壤墒情，随旱随浇。雨水较多时及时排水。

5.4 病虫害防治

5.4.1 农业防治

轮作倒茬，切忌连作，深耕晒垡，合理密植。

5.4.2 物理防治

5.4.2.1 粘虫板诱杀

在田间放置双面涂胶的黄色（蓝色）粘虫板，粘板扦插密度以 450 张/hm^2~600 张/hm^2 为宜。

5.4.2.2 趋光灯诱杀

在害虫成虫发生的高峰期，按 2 台/hm^2~4 台/hm^2 密度在田间设置杀虫灯。

5.4.3 化学防治

5.4.3.1 病害

白粉病：发病初期用 15%三唑酮可湿性粉剂 1500 倍液或 20%嘧菌酯 1000 倍液，连喷 2 次~3 次，间隔 7d~10d；

根腐病：发病初期用生石灰土壤消毒，预防大面积传染。同时用 30%甲霜·噁霉灵 800 倍液~1000 倍液或 40%异菌氟啶胺悬浮液 1000 倍液或 50%多菌灵 500 倍液根际浇灌，浇灌 1 次~3 次，间隔 10d~14d；

立枯病：发病初期用 50%甲基托布津 800 倍液~1000 倍液或 75%代森锰锌 600 倍液~800 倍液喷雾防治，连喷 2 次~3 次，间隔 7d~10d。

5.5.3.2 虫害

黄翅茴香螟：发生期用 40%氯虫·噻虫嗪（20%氯虫苯甲酰胺+20%噻虫嗪）1000 倍液~1200 倍液或用含量 200g/L 氯虫苯甲酰胺 1000 倍液~1200 倍液或用 25%溴氰菊酯乳油 3000 倍液喷雾防治，连喷 2 次~3 次，间隔 7d~10d。

黄凤蝶：虫害发生初期喷洒 45%丙溴辛硫磷 1000 倍液~1500 倍液或 25%喹硫磷 1000 倍液~1200 倍液，连喷 2~3 次，间隔 7d~10d。

5.5 种子采收

移栽第 2 年 9 月份，制种田地上植株干枯、种子进入蜡熟期后，割去地上部分，放于阴凉处后熟 5d~7d，然后集中晾晒并脱粒。脱粒后，将种子继续置于晒场进行晾晒，用风选去掉种子中的草籽、秕粒、病粒、破损粒，然后精选、干燥。

5.6 贮藏

按 GB/T　7415 执行，种子有效期不能超过 2 年。

6 种苗繁育

6.1 选地整地

6.1.1 选地

选择黄绵土、黑垆土等土壤类型,土层厚度50cm以上,土质疏松、排水良好、3年内未栽植伞形科作物的地块。

6.1.2 整地

前茬作物收获后及时耕翻土地,有灌溉条件的地块灌冬水或浇早春水,地块逐渐解冻后视土壤墒情及时整地旋耕,结合整地施腐熟农家肥37500kg/hm^2~45000kg/hm^2,或符合NY/T 525的有机肥料2400kg/hm^2~4500kg/hm^2,或NY 884标准的生物有机肥2400kg/hm^2~4500kg/hm^2,配施纯氮30kg/hm^2~75kg/hm^2,五氧化二磷60kg/hm^2~120kg/hm^2,氧化钾30kg/hm^2~45kg/hm^2,精细耙耱。

6.2 播种

6.2.1 播种时间

适宜时间为4月中旬至5月下旬。

6.2.2 播量

撒播法育苗播量为45kg/hm^2~60kg/hm^2,覆膜法育苗播量为30kg/hm^2~45kg/hm^2。

6.2.3 播种方式

6.2.3.1 撒播

将种子撒在耙耱平的地表,耙耱一次,使种子入土1cm~2cm,再镇压一遍,然后覆盖1cm厚细砂或麦草保持地墒。

6.2.3.2 地膜穴播

按地膜幅宽,耙平压实地表,覆盖第1行打孔地膜(地膜孔穴直径6cm、穴距4cm、行距10cm),固定地膜边缘,每穴点入种子15粒~25粒,覆盖0.5cm~1.0cm细土,再覆1.5cm~2.0cm洁净细沙。依次覆第2行地膜,点播种子、覆土、覆沙,地膜边缘相连处用土压实。

6.3 田间管理

6.3.1 除草

幼苗生长高度达10cm时,及时除草。

6.3.2 灌溉

有灌溉条件的,视土壤墒情浇水1次~2次。

6.3.3 追肥

6月下旬至8月下旬,根据苗情结合降雨或灌水追施尿素75kg/hm^2~105kg/hm^2,1次;6月下旬至8月上旬,用0.3%磷酸二氢钾1000倍液~1500倍液或氨基酸水溶肥3.75L/hm^{2}兑水450kg叶面喷施,喷施选择在上午10点前或下午3点后,连续喷施2次~3次,间隔10d~15d。

6.4 病虫害防治

(参照 5.4 向下执行)

6.5 采挖

翌年 3 月上中旬至 4 月中旬开始采挖,挖出的种苗要及时覆盖,以防失水。

6.6 贮存

选择阴凉无鼠洞、不渗水的场所,将种苗分装成直径 8cm~12cm 的小把,苗把按层摆放,每层之间覆湿土 3cm~5cm,逐层,贮藏 6 层~7 层,上面覆土 30cm~40cm,高出地面,形成龟背。或将种苗装入透气性好的编织袋(框)等贮存,一层种苗隔一层湿土,装袋后放入阴凉库房。要随时检查,严防发热腐烂。

参考文献

[1] 国家药典委员会. 中华人民共和国药典 (一部)[M]. 北京:中国医药科技出版社,2020: 156.

[2] 楼之岑,秦波. 常用中药材品种整理和质量研究北方编第一册[M]. 北京:北京医科大学出版社、中国协和医科大学出版社,1995.

[3] 包巧玲,席旭东,刘荣清,等. DB62/T 4251—2020,防风种子繁育技术规程[S]. 甘肃省市场监督管理局,2020.

[4] 罗彩虹,严焕兰,杨兴虎,等. DB62/T 4049—2019,河西冷凉灌区防风生产技术规程[S]. 甘肃省市场监督管理局,2020.

[5] 史磊,孟祥才,曹思思,等. 防风的本草溯源[J]. 现代中药研究与实践,2021,35(4):93,97.

[6] 李海涛,徐安顺,张丽霞,等. 防风及其地方习用品种的性状与显微鉴别[J]. 中药材,2013,36 (12):1940,1942.

[7] 杨帆. 防风种子质量鉴别与评价[D]. 吉林农业大学,2022.

[8] 邱黛玉. 当归抽薹的调控效应及其机理研究[D]. 甘肃农业大学,2011.

本文件起草单位:陇西县农业技术推广中心、定西科技创新研究院、甘肃数字本草检验中心有限公司、定西市经济作物技术推广站、中国中药有限公司、国药种业有限公司、甘肃省农业科学院中药材研究所、甘肃省药品检验研究院陇西分院、甘肃岷海制药有限责任公司、陇西奇正药材有限责任公司、甘肃渭水源药业科技有限公司。

本文件主要起草人:张玉云、贠进泽、姚彦斌、张金文、安世伟、任续伟、姜笑天、张夙萍、李光文、赵洁娜、徐永强、董世强、曲宏伟、李强妹、年旺民、田彦龙、王鑫、金宏荣、包兴涛、韩雅茹、王妍、王小丽、王浩亮、师立伟、靳云西、贺清国、米永伟、李鹏英、魏学冰、郭柳、秦飞。

第2部分　栽培技术规程

1　范围

本文件规定了定西市防风适宜产区防风栽培的环境要求、选地整地、移栽方式、田间管理、病虫害防治、采收等技术要求。

本文件适用于定西市防风适宜产区防风的栽培和管理。

2　规范性引用文件

下列文件对于本文件的应用是必不可少的。凡是注日期的引用文件,仅所注日期的版本适用于本文件。凡是不注日期的引用文件,其最新版本(包括所有的修改单)适用于本文件。

GB　3095　环境空气质量标准

GB　5084　农田灌溉水质标准

GB　15618　土壤环境质量　农用地土壤污染风险管控标准

NY/T　525　有机肥料

NY　884　生物有机肥

3　术语和定义

下列术语和定义适用于本文件。

3.1　防风种苗

防风 *Saposhnikovia divaricata* (Turcz.) Schischk.种子播种繁育的一年生幼苗。

4　环境要求

选择海拔1800m~2600m的区域种植，年均气温6℃以上，年均降水量350mm以上。空气质量符合GB　3095二级以上标准,土壤质量符合GB　15618二级以上标准,灌溉水条件符合GB　5084二级以上标准。

5　选地整地

5.1　选地

选择黄绵土、黑垆土等土壤类型,3年内未栽植伞形科作物、土质疏松、排水良好的地块。

5.2 整地

前茬作物收获后及时耕翻土地，有灌溉条件的地块灌冬水或浇早春水，地块逐渐解冻后视土壤墒情及时整地旋耕，结合整地施腐熟农家肥 37500kg/hm^2~45000kg/hm^2 或符合 NY/T 525 的有机肥料 2400kg/hm^2~4500kg/hm^2 或 NY 884 标准的生物有机肥 2400kg/hm^2~4500kg/hm^2，配施纯氮 30kg/hm^2~75kg/hm^2，五氧化二磷 60kg/hm^2~120kg/hm^2，氧化钾 30kg/hm^2~45kg/hm^2，精细耙耱。

6 移栽方式

6.1 种苗选择

选择 1 年生以上、长 25cm 以上无腐烂、无发、无病虫侵害的种苗。

6.2 种苗防抽薹处理

在移栽前 48h 内，对芦头直径超过 0.7cm 的种苗进行“斜切头”处理，用刀具在芦头 2cm~3cm 处向上斜切苗头，切去苗头纤维状叶鞘的 1/3~2/3。

6.3 移栽时间

3 月中旬至 4 月中旬春季土壤解冻后及时栽植。

6.4 移栽方式

6.4.1 露地移栽

开沟深 35cm，行距 30cm，然后将苗按株距 15cm~20cm 斜摆于沟壁上(种苗与沟底成 30°~45°)，摆好后接着按等行距开第二行，并用后排开沟土覆盖前排药苗，苗头覆土厚度 2cm~3cm。要求边开沟、边摆苗、边覆土、边耙耱。

6.4.2 地膜露头移栽

在地块的第一行开一条 6cm~10cm 深、35cm~40cm 宽的沟，将种苗按 15cm~20cm 株距放入沟中，用铲开下一行沟的土，覆入第一行放好苗的沟中，使苗头露出地面 2cm~3cm，然后用 35cm~40cm 宽的地膜对覆土完成的行进行覆膜，使苗头露出地膜边缘 2cm~3cm。放第二行种苗时，使苗头搭在前一行覆好地膜边缘 2cm~4cm 的部位。用土盖地膜边缘时，正好将露出膜面的苗头覆盖。

7 田间管理

7.1 除草

苗出齐后视杂草情况及时除草。

7.2 防抽薹处理

结合除草对出现抽薹迹象(即主茎节间蕴含花芽，开始迅速伸长，植株变高)的植株进行“铲头”处理，即水平切去防风根部芦头以上大部分的主芽，仅保留苗头 0.5cm~1.0cm 的侧芽。

7.3 追肥

水地结合灌水追肥，旱地结合降雨进行。5 月下旬至 7 月上旬，根据苗情，结合降雨或灌水撒施尿素 45kg/hm²~90kg/hm²，1 次；7 月下旬至 8 月上旬，用 0.3%磷酸二氢钾 1000 倍液~1500 倍液或氨基酸水溶肥 3.75L/hm² 兑水 450kg 叶面喷施，喷施选择在上午 10 点前或下午 3 点后，连续喷施 2 次 ~3 次，间隔 10d~15d。

7.4 灌水

有灌溉条件的，根据土壤墒情，随旱随浇。雨水较多时要及时排水。

8 病虫害防治

8.1 农业防治

轮作倒茬，切忌连作，深耕晒垡，合理密植。

8.2 物理防治

8.2.1 粘虫板诱杀

在田间放置双面涂胶的黄色（蓝色）粘板，粘板扦插密度以 450 张/hm²~600 张/hm² 为宜。

8.2.2 趋光灯诱杀

在害虫成虫发生的高峰期，按 2 台/hm²~4 台/hm² 密度在田间设置杀虫灯。

8.3 化学防治

选用化学农药类应符合 NY/T 393 规定，推广应用植物源农药“世创植丰宁”等生物农药。

8.3.1 病害

8.3.3.1 白粉病

发病初期用 15%三唑酮可湿性粉剂 1500 倍液或 20%嘧菌酯 1000 倍液，连喷 2 次~3 次，间隔 7d~10d。

8.3.3.2 根腐病

发病初期用生石灰土壤消毒，预防大面积传染，同时用 30%甲霜·噁霉灵 800 倍液~1000 倍液或 40%异菌氟啶胺悬浮液 1000 倍液或 50%多菌灵 500 倍液根际浇灌，浇灌 1 次~3 次，间隔 10d~14d。推广使用植物源农药“世创植丰宁”等生物农药进行防治。

8.3.3.3 立枯病

发病初期用 50%甲基托布津 800 倍液~1000 倍液或 75%代森锰锌 600 倍液~800 倍液喷雾防治，连喷 2 次~3 次，间隔 7d~10d。

8.3.2 虫害

8.3.2.1 黄翅茴香螟

发生期用 40%氯虫·噻虫嗪（20%氯虫苯甲酰胺+20%噻虫嗪）1000 倍液~1200 倍液

或用含量200g/L氯虫苯甲酰胺1000倍液~1200倍液或用25%溴氰菊酯乳油3000倍液喷雾防治,连喷2次~3次,间隔7d~10d。

8.3.2.2 黄凤蝶

发生初期喷洒45%丙溴辛硫磷1000倍液~1500倍液或25%喹硫磷1000倍液~1200倍液,连喷2次~ 3次,间隔7d~10d。

9 采收

种苗移栽后当年10月下旬至土壤封冻前采挖,除去须根和地上部分。

参考文献

[1] 国家药典委员会. 中华人民共和国药典 (一部)[M]. 北京:中国医药科技出版社,2020:156.

[2] 刘双利. 防风类药材的质量评价研究[D]. 吉林农业大学,2007.

[3] 王亚玲,冯慧敏,秦荣,等. 对大兴安岭地区防风栽培方法的探索[J]. 现代农业研究,2021,27 (7):108,109.

[4] 王有菊,刘玉波,刘刚,等. 东北道地药材——防风播种及移栽育苗技术研究[J]. 林业科技,2021,46(1):8,10.

[5] 刘丽娜,张南平,金红宇,等. 野生抽薹与未抽薹防风中色原酮类成分比较研究[J]. 中国药学,2020,55(8):637,642.

[6] 张丹,木盼盼,郭梅,等. 基于防风皮部和木部色原酮含量差异探讨抽薹防风的药用价值[J]. 中国中药,2019,44(18):3948,3953.

[7] 刘双利,许永华,王晓慧,等. 防风抽薹开花的研究进展[J]. 人参研究,2016,28 (6):52,56.

[8] 杨景明,姜华,孟祥才,等. 中药防风质量评价的现状与思考[J]. 中药材,2016,39 (7):1678,1681.

[9] 赵东岳,郝庆秀,康利平,等. 伞形科药用植物早期抽薹研究进展[J]. 中国中药,2016,41 (1):20,23.

[10]李海涛,徐安顺,张丽霞,等. 防风及其地方习用品种的性状与显微鉴别[J]. 中药材,2013,36 (12):1940,1942.

[11]宋晋辉,张继宗,周盛茂,等. 影响野生口防风抽薹因素的研究[J]. 北方园艺,2013,(15):165,168.

[12]孟祥才,孙晖,孙小兰,等. 直播、移栽和抽薹防风与野生防风药理作用比较[J]. 现代中药研究与实践,2012,26(5):31,33.

本文件起草单位:陇西县农业技术推广中心、定西科技创新研究院、甘肃数字本草检验中心有限公司、定西市经济作物技术推广站、中国中药有限公司、甘肃省农业科学院中药材研究所、甘肃省药品检验研究院陇西分院、陇西奇正药材有限责任公司、甘肃渭水源药业科技有限公司。

本文件主要起草人:金宏荣、姚彦斌、张金文、张玉云、王鑫、李光文、任续伟、安世伟、赵洁娜、徐永强、李强妹、姜笑天、贠进泽、年旺民、田彦龙、包兴涛、韩雅茹、王妍、王小丽、王浩亮、高娜、师立伟、靳云西、贺清国、米永伟、李鹏英、魏学冰、张夙萍、郭柳、秦飞。

第3部分　初加工及仓储技术规程

1　范围

本文件规定了定西市防风适宜产区防风的产地初加工流程和仓储等技术要求。本文件适用于定西市防风适宜产区防风的产地初加工和仓储。

2　规范性引用文件

下列文件对于本文件的应用是必不可少的。凡是注日期的引用文件，仅所注日期对应的版本适用于本文件。凡是不注日期的引用文件，其最新版本(包括所有的修改单)适用于本文件。

《中华人民共和国药典》(一部，四部)

SB/T　10977　仓储作业规范

SB/T　11094　中药材　仓储管理规范

SB/T　11095　中药材　仓库技术规范

SB/T　11150　中药材　气调养护技术规范

SB/T　11182　中药材　包装技术规范

SB/T　11183　中药材　产地加工技术规范

《76种中药材商品规格标准》

3　术语与定义

下列术语和定义适用于本文件。

3.1　防风

为伞形科植物防风 *Saposhnikovia divaricata*(Turcz.)Schischk.的干燥根。

3.2　批

同期入库、统一编号的防风药材。

4　场地设施和机械要求

4.1　场地与车间要求

初加工场地应清洁、宽敞，通风良好，具有遮阳防雨设施。车间内应无积尘、无积水、无污垢。

4.2 机械要求

初加工使用的各类机械与器具应具有符合国家安全生产的相关检验合格资料。按SB/T 11183 执行。

5 初加工

5.1 去杂

防风于 10 月下旬至土壤封冻前采收后，抖净泥沙，去净须毛等杂质。将鲜药晾晒3d~4d，放入烘房以 40℃~45℃的温度烘至 6 成~7 成干后，将芦头剪去或切除，再切掉侧根，并剔除虫害、腐烂变质的部分。

5.2 扎把干燥

将去杂后的防风拉直，按市场需求挑选分级，用细铁丝扎成 0.5kg~1.0kg 的小把，或 30根~40 根扎成大把，再晒至全干即可。按 SB/T11183、《76 种中药材商品规格标准》执行。

6 贮藏

6.1 基本要求

贮藏于阴凉、通风干燥处，防潮、防霉、防蛀。不应与其他有毒、有害及易串味的物品混存。按 SB/T　11094、SB/T　11182 执行。

6.2 贮藏方法

6.2.1 阴凉库

贮藏温度不超过 20℃，相对湿度 35%~70%。按 SB/T　11095 执行。

6.2.2 气调仓储

贮藏期限在半年以上可选择使用气调养护贮藏。按 SB/T　11150 执行。

6.3 抽验

抽验结果应符合《中华人民共和国药典》(一部，四部)。

7 运输

7.1 运输工具

运输工具应通风、透气，具备一定的防潮、防水措施。

7.2 混合运输

不同批次防风药材运输时，应防止运输期间批次混淆。防风药材与其他药材混合运输时，不应与其他有毒、有害、易串味药材混合运输。

8 保质期

阴凉存放，保质时间为 2 年。

参考文献

[1] 国家药典委员会. 中华人民共和国药典 (一部)[M]. 北京:中国医药科技出版社,2020:156.

[2] 楼之岑,秦波. 常用中药材品种整理和质量研究北方编第一册[M]. 北京:北京医科大学出版社、中国协和医科大学出版社,1995.

[3] 李向高. 中药材加工学[M]. 北京:中国农业出版社,2004.

[4] 王国先. 大宗药材标准化生产初加工与贮藏[M]. 定西市科学技术局,2014.

[5] 张禾. 中药防风栽培及加工利用技术,农村实用技术,2005.

[6] 刘双利. 防风类药材的质量评价研究[D]. 吉林农业大学,2007.

[7] 王浩,田壮,郭凌阁,等. 防风产地加工工艺研究[D]. 新疆中医药,2019.

[8] 杨景明,姜华,孟祥才,等. 中药防风质量评价的现状与思考[J]. 中药材,2016,39(7):1678,1681.

本文件起草单位:甘肃数字本草检验中心有限公司、定西科技创新研究院、陇西县农业技术推广中心、定西市经济作物技术推广站、中国中药有限公司、甘肃省农业科学院中药材研究所、甘肃省药品检验研究院陇西分院、陇西奇正药材有限责任公司、甘肃渭水源药业科技有限公司。

本标准主要起草人:王浩亮、王妍、王小丽、刘小霞、高娜、姚彦斌、李元有、赵洁娜、李光文、任续伟、安世伟、王鑫、张金文、张玉云、姜笑天、李强妹、张夙萍、师立伟、王浩、李鹏英、靳云西、单会忠、纪润平、贺清国、魏学冰、郭柳、秦飞。

第4部分 药材质量

1 范围

本文件规定了定西市防风适宜产区防风的质量要求、安全要求及检验方法等。本文件适用于定西市防风适宜产区防风的质量控制。

2 规范性引用文件

下列文件对于本文件的应用是必不可少的。凡是注日期的引用文件，所注日期对应的版本适用于本文件。凡是不注日期的引用文件，其最新版本(包括所有的修改单)适用于本文件。

《中华人民共和国药典》(一部，四部)

《药用植物及制剂进出口绿色行业标准》

3 术语与定义

下列术语和定义适用于本文件。

3.1 防风

为伞形科植物防风 *Saposhnikovia divaricata*(Turcz.)Schischk.的干燥根。

4 药材质量标准

4.1 性状特征

呈长圆锥形或长圆柱形，下部渐细，有的略弯曲，长15cm~30cm，直径0.5cm~2.0cm。表面呈浅黄色、灰黄色、灰棕色，粗糙，有纵皱纹。根头部可见少量环纹，根头上残存棕褐色毛状叶基。体轻，质松，易折断，断面不平坦，皮部浅黄色至棕黄色，有裂隙，木质部黄色。气特异，味微甘。

4.2 鉴别

显微鉴定和薄层鉴别应符合《中华人民共和国药典》(一部)要求。

4.3 理化指标

4.3.1 水分

不得超过10.0%。符合《中华人民共和国药典》(一部)要求。

4.3.2 总灰分

不得超过 6.5%。符合《中华人民共和国药典》(一部)要求。

4.3.3 酸不溶性灰分

不得超过 1.5%。符合《中华人民共和国药典》(一部)要求。

4.4 浸出物

不得少于 15.0%(药典限量 13.0%)符合《中华人民共和国药典》(一部)要求。

4.5 含量测定

按干燥品计算,含升麻素苷($C_{22}H_{28}O_{11}$)和 5-O-甲基维斯阿米醇苷($C_{22}H_{28}O_{10}$)的总量不得少于 0.24%。符合《中华人民共和国药典》(一部)要求。

4.6 安全性指标

4.6.1 二氧化硫残留量

不得超过 150mg/kg。符合《中华人民共和国药典》(四部)要求。

4.6.2 重金属及有害元素

重金属及有害元素应符合《中华人民共和国药典》及 WMZ—2001 要求。

4.6.3 农药残留

农药残留限量符合《中华人民共和国药典》(四部)要求。

4.6.4 黄曲霉毒素

黄曲霉毒素限量符合《中华人民共和国药典》(四部)要求。

参考文献

[1] 国家药典委员会. 中华人民共和国药典 (一部)[M]. 北京:中国医药科技出版社,2020:156.

[2] 楼之岑,秦波. 常用中药材品种整理和质量研究北方编第一册[M]. 北京:北京医科大学出版社、中国协和医科大学出版社,1995.

[3] 李海涛,徐安顺,张丽霞,等. 防风及其地方习用品种的性状与显微鉴别[J]. 中药材,2013,36(12): 1940,1942.

[4] 刘双利. 防风类药材的质量评价研究[D]. 吉林农业大学,2007.

[5] 张丹,木盼盼,郭梅,等. 基于防风皮部和木部色原酮含量差异探讨抽薹防风的药用价值[J]. 中国中药,2019,44(18):3948,3953.

[6] 杨景明,姜华,孟祥才,等. 中药防风质量评价的现状与思考[J]. 中药材,2016,39(7):1678,1681.

[7] 李海涛,徐安顺,张丽霞,等. 防风及其地方习用品种的性状与显微鉴别[J]. 中药

材,2013,36(12): 1940,1942.

本文件起草单位:甘肃数字本草检验中心有限公司、定西科技创新研究院、陇西县农业技术推广中心、定西市经济作物技术推广站、中国中药有限公司、甘肃省农业科学院中药材研究所、甘肃省药品检验研究院陇西分院、陇西奇正药材有限责任公司、甘肃渭水源药业科技有限公司。

本文件主要起草人:王浩亮、王小丽、王妍、刘小霞、赵洁娜、张夙萍、高娜、王鑫、任续伟、安世伟、李光文、姚彦斌、张金文、张玉云、李强妹、师立伟、王浩、姜笑天、李鹏英、靳云西、贺清国、魏学冰、郭柳、秦飞。